実用理工学入門講座

統計ソフトRによる データ活用入門

―― 統計解析の基礎から応用まで ――

村　上　　純（第1, 2, 3章）
日 野 満 司　（第3章）
山 本 直 樹　（第3章）
石 田 明 男　（第1, 2章）
共著

日　新　出　版

まえがき

最近はビッグデータというキーワードがよく耳にされるように，今日の情報化社会では日々蓄積されている膨大なデータの処理がビジネスや研究などで大変重要，かつ，必須の問題である．この社会で生活している我々にとって，確率・統計は必須の学問であり，技術であると筆者らは考えている．

筆者らは大学・高専で統計解析や情報処理などの講義を担当してきた．また，研究テーマとしては，医療データ分析や福祉工学に関するものを扱っており，看護学校やリハビリテーション関係の病院でも統計（主に臨床現場で必要な情報処理と統計処理の基礎知識）を教えた経験がある．理系の学生だけでなく，幅広い分野の人たちに確率・統計，および，データ処理を教えるためには，分かりやすく，実際に使える（処理ができるようになる）教科書が必要であるが，実際のデータ処理を取り入れた確率・統計の教科書には，表計算ソフトウェアExcel を用いたものが多く，統計解析ソフトウェア R を用いた本はまだ少ない状況である．

この度，筆者らはこれまでの教育・研究での経験から，情報・医療系を問わず多くの分野の学生に「R を使った統計データ処理」を教えるための教科書として，『統計ソフト R によるデータ活用入門―統計解析の基礎から応用まで』の執筆を思い立った．というのも，Excel に比べて，R はとっつきは悪いかもしれないが，使い慣れると簡単な命令で高度な処理ができるとても便利で，しかも，フリーソフトとして入手でき，インターネット上に様々な活用例やテキスト，tips（裏技，コツ）なども公開されている，実用上非常に有用なツールであるからである．

実際に近年は，研究などで統計を利用する人たちの多くが R を使うようになってきており，R の知名度はかなり高い．しかし，Excel に比べると，関数

(プログラミングの知識が必要）を作ったり，データに型があったりして，初心者が使いこなすにはやや難しいところがある．そこで，分かりやすさと実用性を兼ね備えた入門書があれば，Ｒで確率・統計の演習が可能であるとかねがね思っていたのである．今回，機会を得て，統計解析とその応用を専門とする４名の筆者の合意により，幅広い分野の学生を対象として，授業での活用のための教科書を執筆することができた．統計処理に関心をもつ学生諸君や一般の方々に是非とも利用していただきたいと思っている．

本書は，２単位の講義で，統計解析の基本的な内容を理解し，適宜Ｒによる演習を取り入れることにより，理解を確かなものとした上で，さらに，種々の分野における応用に適用できる能力が身に付くように編集されている．

（1）本書の内容の特長

・数学的な厳密性を深くは追求せず，分かりやすく記述している．
・自習書として使用できるように，例題や問題を数多く取り上げている．
・難解な例題や問題は取り上げず，簡単で分かりやすいものにしている．
・簡潔に説明された統計解析の基本である第１章“データ処理の基礎”，第２章“統計”に続いて，第３章“Ｒによるデータ処理”では基本的な応用例を取り上げ，丁寧かつ平易にコマンドや関数を記述し，実用性を考慮してグラフも多用しながら説明を行っている．

（2）学習の順序

次のような学習方法が薦められる．

・第１章，あるいは，第２章の基礎部分を最後まで学習したのちに，第３章のＲによる応用を学習する．
・第１章，あるいは，第２章の基礎部分の学習途中に，その都度，第３章のＲによる応用の関連する部分を学習する．
・確率・統計を一通り学んだ経験のある読者は，第３章のＲによる応用から始めて，Ｒの使い方や統計への応用法を演習により学びながら，その都度，必要な基礎理論として第１章，あるいは，第２章の関連する部分を学習する．

本書が，確率・統計を学ぼうとする読者の皆様の理解の役に立ち，さらに深く専門的な内容へと進む糸口になること，あるいは，R でデータ解析を行いたいと望む皆様の手助けとなり，R を実用に利用していただくこと，これらが筆者らの願いとするところである．本書の内容には不備な点や，誤りもあるかと思われるが，読者の皆様方のご指摘を賜り，さらに完全なものにしたいと考えている．執筆の分担は次のとおりである．

執筆分担：

第１章　データ処理の基礎　村上 純・石田 明男

第２章　統計　石田 明男・村上 純

第３章　R によるデータ処理　村上 純・山本 直樹

第３章，および，編集・版下作成　日野 満司

最後に，本書の出版にあたり日新出版株式会社の小川浩志社長，ならびに，同社スタッフの皆様に終始多大なご協力を賜った．ここに記して深く感謝の意を表したい．

2016 年 6 月

熊本地震からの復興を願いつつ，筆者ら記す

目　　次

第1章　データ処理の基礎

第2章　統　計

第3章　Rによるデータ処理

第１章　データ処理の基礎

1・1　データの整理

1・1・1　基本統計量

あるデータが与えられたとする．例えば，ある人が１日の歩いた歩数を計測した１週間分のデータは表１・１・１のようなものであった．このとき，この人の歩く歩数はどの程度であり，他の人との比較や，あるいは健康チェックを受ける際などにはどのような数値を用いたらよいであろうか．

表1・1・1　例：ある人の１週間分の１日の歩数［歩］

曜日	日	月	火	水	木	金	土
歩数	4681	8025	7659	7388	6973	7245	6332

このようなときに用いられる量が**基本統計量**と呼ばれる値である．基本統計量は，与えられたデータの情報を要約して表す量のことで，**要約統計量**とも呼ばれる．

（1）代表値

基本統計量でもっともよく用いられる値は平均値であろう．平均値により，データの情報を１個の値で代表して表すことができる．このような値のことを**代表値**という．n個のデータを$x_1, \cdots, x_n$とすると，平均値$\bar{x}$は次式で計算される．

$$\bar{x} = \frac{1}{n}(x_1 + x_2 + \cdots + x_n) = \frac{1}{n}\sum_{i=1}^{n} x_i$$

表１・１・１の例では，

$$\bar{x} = \frac{1}{7}(4681 + 8025 + 7659 + 7388 + 6973 + 7245 + 6332) \approx 6900.4$$

となり，この人の１日当たりの平均歩数値は約 6900［歩］となる．

平均値はデータの数値全体を均(なら)した値であるが，データの並びに注目して，小さい順（昇順）に並べたときの真ん中の値を代表値とするものが**中央値**（メジアン，またはメディアン）である．この値$\tilde{x}$は，表１・１・１の例では，昇順に並べて 4 番目のデータであり，$\tilde{x}$ =7245 となる．データの個数nが奇数の場合はちょうど真ん中の$(n+1)/2$番目のデータが得られるが，偶数の場合は中央に位置する 2 個，すなわち$n/2$番目と$(n+2)/2$番目の平均を中央値とする．

データが，平均値を中心にしてその両側にバランスよく散らばっているときには，平均値は代表値として有効であるが，そうではないときには，平均値がデータの特徴をうまく表すとは限らない．例えば，表１・１・２は表１・１・１とは別の人の１週間分の歩数データである．この人は，月曜日から金曜日まではオフィス勤務でほぼ一定の歩数を歩き，土曜日と日曜日の休日には，健康のために多めに歩くようにしているという．

表1・1・2　例：別の人の１週間分の１日の歩数［歩］

曜日	日	月	火	水	木	金	土
歩数	11124	5520	5402	5328	5613	5475	10071

このデータについて平均値を求めると，

$$\bar{x} = \frac{1}{7}(11124 + 5520 + 5402 + 5328 + 5613 + 5475 + 10071)$$

$$\approx 6933.3$$

となって，表１・１・１の場合と大差ない程度の値である．ところが，中央値は$\tilde{x}$ =5520 となって，表１・１・１の場合よりもかなり小さい値になっている．表１・１・２の人の，週の大半の数値（週末は例外的と見なす）を表す代表値としては，中央値の方が相応しいといえる．

平均値や中央値の代わりに，最大値x_{max}または最小値x_{min}を代表値とすることもある．表１・１・１のデータについて，これらを求めてみると，$x_{max} = 8025$，$x_{min} = 4681$となる．表１・１・２では，$x_{max} = 11124$，$x_{min} = 5328$である．

【問1・1・1】　表1・1・3はある地域で最近発生した震度3以上の地震の規模（表ではマグニチュードと表示）と震度のデータの例である．このデータのマグニチュードと震度について，それぞれ平均値と中央値を求めよ．

表1・1・3　例：ある地域で最近発生した震度3以上の地震

マグニチュード(x)	3.6	2.8	3.7	4.4	4.1	3.3	4.7	4.5
震度(y)	3	3	3	5	4	3	4	3

［略解］　マグニチュードをx，震度をyで表すと，次の値が得られる．

$$\text{平均値：}\quad \bar{x} = 3.8875,\quad \bar{y} = 3.5$$

$$\text{中央値：}\quad \tilde{x} = 3.9,\qquad \tilde{y} = 3.0$$

（2）データのばらつき

代表値を用いると，データを要約して表すことができるが，データの特徴であるばらつきの度合いを表すことはできない．例えば，同じ平均値や中央値のデータでも，ばらつきが異なることは一般的である．次の表1・1・4の2通りのデータを見ると，それぞれの平均値および中央値は，$\bar{x} = \bar{y} = 5$，および$\tilde{x} = \tilde{y} = 6$であり，データ1とデータ2は等しい代表値（平均値と中央値）をもつことがわかる．しかし，それぞれのデータの数値は異なり，データ2の方がデータ1に比べて最大値は大きく，最小値は小さい．式で表すと

表1・1・4　例：ばらつきの異なる2通りのデータ

データ1(x)	4	6	7	5	3
データ2(y)	2	1	6	7	9

$$x_{max} = 7 < y_{max} = 9,\ \ x_{min} = 3 > y_{min} = 1$$

となる．このとき，最大値と最小値の差を比較すると，

$$x_{max} - x_{min} = 7 - 3 = 4,\ \ y_{max} - y_{min} = 9 - 1 = 8$$

となり，データ2の数値の方が，広い幅の範囲のものであることがわかる．このようなデータの値の取る範囲のことを**レンジ**と呼び，

$$R = \text{最大値} - \text{最小値}$$

で定義する．レンジはデータのもつばらつきを表す量で，基本統計量の1つで

ある.

とはいえ，レンジは単に最大値と最小値の幅を示すだけであるから，極端に大きいデータや，あるいは小さいデータが1個あれば（**外れ値**という），大きな値となる．そこで，外れ値に影響されにくく，データの全体にわたるばらつきの程度を表す量として分散がある.

表1・1・5は表1・1・4の2通りのデータの各値からそれぞれの平均値を引いた値（**偏差**という）である．この偏差の総和を取れば，ばらつきの大きさを表すと考えられるが，符号に正負があって相殺されてしまうので，偏差の2乗の総和を取り，それをデータの個数nで割った値を**分散**と呼び，σ^2で表す（正確には標本分散と呼ぶが，これについては第2・1・3項で詳述する）．データ$x_i, (i = 1,2,\cdots,n)$の分散の計算式は次の通りである.

表1・1・5　表1・1・4のデータから平均値を引いた値

データ1($x-\bar{x}$)	−1	1	2	0	−2
データ2($y-\bar{y}$)	−3	−4	1	2	4

$$\sigma^2 = \frac{1}{n}\sum_{i=1}^{n}(x_i - \bar{x})^2$$

表1・1・4の各データについて分散σ_x^2，σ_y^2を計算すると次のようになる.

$$\begin{aligned}
\sigma_x^2 &= \frac{1}{n}\sum_{i=1}^{n}(x_i - \bar{x})^2 \\
&= \frac{1}{5}\{(4-5)^2 + (6-5)^2 + (7-5)^2 + (5-5)^2 + (3-5)^2\} \\
&= \frac{1}{5}\{(-1)^2 + 1^2 + 2^2 + 0^2 + (-2)^2\} \\
&= \frac{1}{5}(1 + 1 + 4 + 0 + 4) = \frac{10}{5} = 2
\end{aligned}$$

$$\begin{aligned}
\sigma_y^2 &= \frac{1}{n}\sum_{i=1}^{n}(y_i - \bar{y})^2 \\
&= \frac{1}{5}\{(2-5)^2 + (1-5)^2 + (6-5)^2 + (7-5)^2 + (9-5)^2\}
\end{aligned}$$

$$= \frac{1}{5}\{(-3)^2 + (-4)^2 + 1^2 + 2^2 + 4^2\}$$

$$= \frac{1}{5}(9 + 16 + 1 + 4 + 16) = \frac{46}{5} = 9.2$$

これらの値から，データ 2 の方がデータ 1 よりもばらつきが大きいことがわかる．

分散の値は，偏差の 2 乗のオーダーになっているため，データの種類によっては数値がかなり大きくなったり，もとの数値の大きさと比較して，ばらつきの程度が分かりにくくなったりすることが考えられる．そこで，分散の正の平方根を取ってばらつきの程度を表したものが**標準偏差**σである（分散の場合と同様に，正確には**標本標準偏差**と呼ぶ）．

表 1・1・4 の例のデータの標準偏差σ_x，σ_yは次のようになる．

$$\sigma_x = \sqrt{\frac{1}{n}\sum_{i=1}^{n}(x_i - \bar{x})^2} = \sqrt{2} \approx 1.414$$

$$\sigma_y = \sqrt{\frac{1}{n}\sum_{i=1}^{n}(y_i - \bar{y})^2} = \sqrt{9.2} \approx 3.033$$

標準偏差の値は，このようにデータのばらつきの程度を，データの数値と同じ尺度の値で表すために便利であるほか，データの分布の大まかな様子を示すのにも利用される．この利用法については後述する（第 1・2・4 項）．

【問 1・1・2】 データ$x_i, (i = 1,2,\cdots,n)$の分散は次式で計算できることを示せ．

$$\sigma^2 = \frac{1}{n}\sum_{i=1}^{n} x_i^2 - \bar{x}^2$$

［解］　分散の計算式

$$\sigma^2 = \frac{1}{n}\sum_{i=1}^{n}(x_i - \bar{x})^2$$

について，右辺を展開して，次のように変形するとよい．

$$\frac{1}{n}\sum_{i=1}^{n}(x_i-\bar{x})^2=\frac{1}{n}\sum_{i=1}^{n}(x_i^2+\bar{x}^2-2x_i\bar{x})=\frac{1}{n}\left(\sum_{i=1}^{n}x_i^2+\bar{x}^2\sum_{i=1}^{n}1-2\bar{x}\sum_{i=1}^{n}x_i\right)$$
$$=\frac{1}{n}\left(\sum_{i=1}^{n}x_i^2+n\bar{x}^2-2\bar{x}\cdot n\bar{x}\right)=\frac{1}{n}\sum_{i=1}^{n}x_i^2-\bar{x}^2$$

【問1・1・3】　問1・1・1のデータ（表1・1・3）について，分散と標準偏差を求めよ．また，問1・1・2の計算式でも分散を求めて，同じ結果が得られることを確かめよ．

［略解］　マグニチュードをx，震度をyで表すと，次の値が得られる（問1・1・2の計算式でも同じ結果となる）．

分散：　$\sigma_x^2 \approx 0.3736,\ \ \sigma_y^2 = 0.5$

標準偏差：　$\sigma_x \approx 0.6112,\ \ \sigma_y \approx 0.7071$

分散や標準偏差は，一般にデータの数値が大きい量の方が大きな値となる傾向にある．例として，表1・1・1のデータについて分散と標準偏差を計算すると，$\sigma^2 = 1064398,\ \sigma \approx 1031.697$となり，問1・1・3の$\sigma_x^2$と$\sigma_y^2$，および$\sigma_x$と$\sigma_y$に比べてかなり大きな数値となる．データの数値の大きさにかかわらず，ばらつきの程度を表す尺度として**変動係数**がある(1)．変動係数cは標準偏差σを平均値$\bar{x}$で割った次式で定義される．

$$c=\frac{\sigma}{\bar{x}}$$

表1・1・1と表1・1・4の例について変動係数を求めてみると，前者は$c \approx 0.1495$，後者は$c_x \approx 0.2828$，$c_y \approx 0.6066$となって後者の例（特にy）の変動係数の方が大きく，ばらつきの程度が大きいといえる．

【問1・1・4】　問1・1・1のデータ（表1・1・3）について，変動係数を求め，マグニチュードと震度のどちらデータのばらつきが大きいか調べよ．

［略解］　マグニチュードをx，震度をyで表すと，次の値が得られる．

$$\text{マグニチュード}: c_x = \frac{\sigma_x}{\bar{x}} \approx \frac{0.6112}{3.8875} \approx 0.1572$$

$$\text{震度}: c_y = \frac{\sigma_y}{\bar{y}} \approx \frac{0.7071}{3.5} \approx 0.2020$$

したがって，震度の方がばらつきが大きい．

データの並びに関して，中央値以外に**四分位数**という基本統計量がある．この数は，昇順にしたデータの1/4番目（第1四分位点），2/4番目（第2四分位点），3/4番目（第3四分位点）の値を示すもので，それぞれ第1四分位数，第2四分位数，第3四分位数と呼び，順にQ_1，Q_2，Q_3と表す．第2四分位数Q_2は中央値と等しい．四分位数もデータのばらつきを示すために用いられる．

四分位数の求め方は，まず中央値を求めて，最小値から中央値までの間と，中央値から最大値までの間について，それぞれさらに中央値を求めれば，第1四分位数と第3四分位数が得られる．例えば，表1・1・1の例についてこれらを求めてみると，$Q_2 = \tilde{x} = 7245$ であるから，(4681,6332,6973,7245)，(7245,7388,7659,8025)の2つの部分に分けたときの，それぞれの中央値より

$$Q_1 = \frac{1}{2}(6332 + 6973) = 6652.5$$

$$Q_3 = \frac{1}{2}(7388 + 7659) = 7523.5$$

となる．第3四分位数から第1四分位数を引いた$Q_3 - Q_1$の値のことを，**四分位範囲**と呼び，データのばらつきの程度を示す数値として用いられる（四分位範囲の 1/2，すなわち$(Q_3 - Q_1)/2$ を**四分位偏差**と呼び，これを用いることもある）．表1・1・1の例では，

$$Q_3 - Q_1 = 7523.5 - 6652.5 = 871$$

となる．表1・1・2の例についてこれらを求めてみると，$Q_2 = \tilde{x} = 5520$から

$$Q_1 = \frac{1}{2}(5402 + 5475) = 5478.5$$

$$Q_3 = \frac{1}{2}(5613 + 10071) = 7842$$

$$Q_3 - Q_1 = 7842 - 5478.5 = 2403.5$$

となって，表1・1・1の例よりもばらつきが大きいことがわかる．

［**補足**］ 四分位数にはいくつかの定義があり，上述の求め方のほかにも，次項のヒストグラムから求める方法や，エクセルやRの関数でも採用されている次の計算法もある．

数直線上で，1～nの範囲の数を$a:b$に内分する点は，内分点の公式から$(an+b)/(a+b)$で与えられるので，第1から第3四分位点はそれぞれ，$(n+3)/4$番目，$(2n+2)/4$番目，$(3n+1)/4$番目となる．例えば，表1・1・1の場合は$n=7$であるから，それぞれ10/4=2.5番目，16/4=4番目，22/4=5.5番目である．次に，各四分位点の数値を求める．同じ例では，第1四分位点は2.5であるから，昇順に並び替えた2番目のデータ（6332）と3番目のデータ（6973）の間に位置することがわかる．そこで，2.5番目の数値（Q_1）は補間により，$6332+(6973-6332)\times 0.5 = 6652.5$として求める．同様に，$Q_2$ =7245, $Q_3 = 7388+(7659-7388)\times 0.5 = 7523.5$が得られる．この例の場合は，前述の求め方による結果と一致している．

なお，四分位数のほかに，百分位数（パーセンタイル）も用いられることがあるが，求め方は四分位数の場合と同様に考えるとよい（ただし，中央値から求める方法を除く）．

【問1・1・4】 表1・1・3のマグニチュードのデータの四分位数を，本文中の方法と，補足で述べた方法の2通りで求めよ．

［**解**］ まず，本文中の方法で求めると次のようになる．

$$Q_2 = \frac{3.7+4.1}{2} = 3.9, \qquad Q_1 = \frac{3.3+3.6}{2} = 3.45, \qquad Q_3 = \frac{4.4+4.5}{2} = 4.45$$

次に，補足の方法で求める．$n=8$であるから四分位点は順に，11/4=2.75，18/4=4.5，25/4=6.25となるので，

$$Q_1 = 3.3+(3.6-3.3)\times 0.75 = 3.525\ ,Q_2 = 3.7+(4.1-3.7)\times 0.5 = 3.9\ ,$$

$$Q_3 = 4.4 + (4.5 - 4.4) \times 0.25 = 4.425$$

となり，中央値はどちらの計算法でも等しいが，それ以外の四分位数は 2 通りの計算法で異なる値となる．

1・1・2　度数分布表とヒストグラム

前項では，与えられたデータに対して，基本統計量と呼ばれる数値でデータの特徴を表した．その特徴を，数値ではなく，表や図で視覚的に表現すれば，さらに分かりやすくなることは明白で，それらを見るとすぐに特徴を捉えることができるであろう．

（1）度数分布表

表1・1・6は，ある大学の学生 24 人に昨夜の睡眠時間を尋ねた結果の例である．このデータに関して，基本統計量を計算したのが表1・1・7である．これらの数字を見て，データの特徴をすぐに捉えるのはやや難しいと思える．

表1・1・6　例：ある大学の学生２４人の睡眠時間

8.5	5	6	5.5	7	4.5
7	6	8	9	5	6
7	7	7.5	10	5.5	8.5
5.5	8	8	8	6.5	6

表1・1・7　表1・1・6のデータの基本統計量

基本統計量	
平均値	6.88
分散	1.94
標準偏差	1.39
中央値	7
最大値	10
最小値	4.5
レンジ	5.5
四分位範囲	2.13

そこで，表1・1・8のような表を作成してみる．この表は，データのレンジをいくつかの等間隔の区間（階級ともいう）に分けて，その区間に属するデータの個数（**度数**という）を記入したものである（区間の幅を等間隔に取らない場合もある）．このような表のことを**度数分布表**という．ここで，表内の**階級値**とはデータ区間の中央におけ

表1・1・8　表1・1・6のデータの度数分布表

データ区間[h]	階級値	度数	累積度数
4～5	4.5	3	3
5～6	5.5	7	10
6～7	6.5	5	15
7～8	7.5	5	20
8～9	8.5	3	23
9～10	9.5	1	24
合計		24	

る値のことであり，区間を代表する値として用いる．また，データ区間の始点の値は区間に含まれるが，終点は含まれないものとする．

度数分布表と基本統計量の数値を併用すれば，データの分布が把握しやすくなる．この例の場合は，平均値（6.88）も中央値（7）もほぼ同程度の値であるが，度数分布表を見ると，これらの値の両側に分布は広がり，全体的な傾向としては,中央から離れるにしたがってデータは減少することがわかる.ただし,平均値と中央値を含む区間である第3区間（6～7），第4区間（7～8）の区間を全データ区間の中央と考えると，それより小さい範囲の方がデータの個数は多く，特に1つ下側の第2区間（5～6）は最大の度数を示している．これらの特徴から,この例の大学生たちの睡眠時間は,平均的には7時間程度であるが,多くはそれよりやや少ない傾向にあるといえる．

度数分布表で，度数が最大になる区間の階級値のことを**最頻値（モード）**と呼び，基本統計量の中の代表値の1つとしてよく用いられる．この例の最頻値は，表1・1・8から5.5となる．

この度数分布表の右端欄には累積度数が示されている．あるデータ区間について考えると，累積度数とはその区間の度数に，それより前のすべての区間の度数を加えたものである．

度数分布表の作成手順を以下にまとめておく．

①与えられたデータを昇順に並べ替える（並び替えることをソートするという）．

②最大値と最小値からレンジを求める．

③データ区間数kを，データの個数nから次に示す**スタージェスの公式**によって決める．

$$k = 1 + \log_2 n \approx 1 + 3.32\log_{10} n$$

ただし，得られた実数値にもっとも近い整数値をkとし，この値を区間数の目安とする（実際には，次の④の分割幅が半端な数字にならないように調整す

る）．表1・1・6の場合は，

$$k = 1 + \log_2 24 \approx 5.58$$

となるので，$k = 6$とした．

④レンジと区間数から区間幅を計算し，データ区間を定める．表1・1・6の場合，$5.5/6 \approx 0.917$となるので，区間幅を1とした．

⑤各区間の中央の値を階級値とする．

⑥①で並び替えたデータについて，各区間に入る度数をカウントする．

⑦各区間の累積度数を，その区間の度数と1つ前の区間の累積度数の和により求める．ただし，最初の区間（第1区間）では，度数をそのまま累積度数とする．

【問1・1・5】　表1・1・9は20種類のインスタントラーメンの1食分に含まれる塩分の食塩相当量の例である．このデータについて，度数分布表を作成せよ．

表1・1・9　例：インスタントラーメンの塩分相当量［g］

6.3	5.2	4.5	4.4	7.5
8.1	4.2	3.6	7.3	4.8
5.8	5.6	4.8	6.7	4.5
5.7	5.1	4.1	6.9	6.2

［解］　上記の手順に従って作成する．まず，最大値=8.1，最小値=3.6，レンジ=4.5であるから，スタージェスの公式で区間数を計算すると，$k \approx 5.32$となるので，区間数＝5とする．したがって，区間幅=0.9となるが，切りのよい1.0とする．以上により，表1・1・10の度数分布表が得られる．

表1・1・10　表1・1・9の度数分布表

データ区間	階級値	度数	累積度数
3～4	3.5	1	1
4～5	4.5	7	8
5～6	5.5	5	13
6～7	6.5	4	17
7～8	7.5	3	20
合計		20	

（2）ヒストグラム

度数分布表を作成すると，データの特徴がつかみやすくなるが，文字の情報であるので，数字を読んで意味を理解する手間がかかり，見ただけで特徴が分かるというまでには至らない．そこで，この表から**ヒストグラム**と呼ばれる柱状グラフを作成して，図によって視覚的に特徴を表すことを考えてみる．

表１・１・８の度数分布表から作成したヒストグラムを図１・１・１に示す．グラフは中心よりも左側にピークがある山型であり，（1）の中央値のところで述べたデータの特徴を一目で把握することができる．

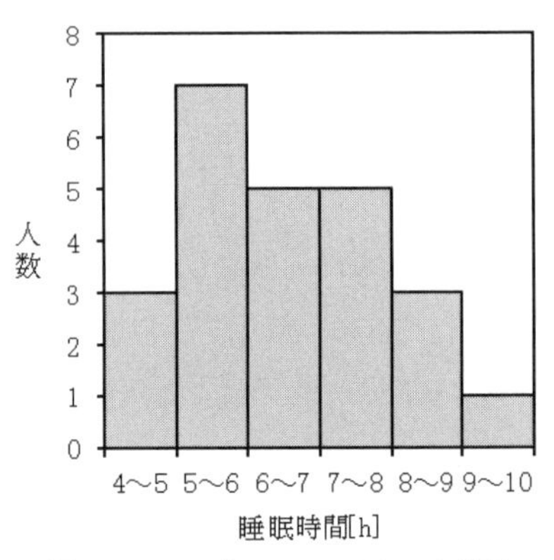

図１・１・１ 表１・１・８のヒストグラフ

このヒストグラムから，中央値と四分位数を求めることもできる．ただし，第１・１・１項での求め方による値と異なることもあるので注意を要する．

ヒストグラムから四分位数を求める場合は，グラフの棒全体の面積を 1/4 ずつに分ける横軸の位置を計算する．図１・１・１の第 1 四分位数Q_1は次式で得られる．

$$Q_1 = 5 + \left(\frac{24}{4} \times 1 - 3\right) \times \frac{1}{7} \approx 5.43$$

24 人の 4 分割は 6 人であり，ヒストグラムの累積度数を見ると，第 2 区間に 6 人目が含まれることがわかる．そこで，まず 6 人から第 1 区間の 3 人を引くと，残りは 3 人となる．さらに，第 2 区間の 7 人のうちの 3 人分の割合を算出し，それを区間幅の 1［h］に乗じた値を，第 2 区間の始点である 5［h］に足している．同様にして，Q_2，Q_3は

$$Q_2 = 6 + \left(\frac{24}{4} \times 2 - 10\right) \times \frac{1}{5} = 6.4$$

$$Q_3 = 7 + \left(\frac{24}{4} \times 3 - 15\right) \times \frac{1}{5} = 7.6$$

となる．中央値はQ_2と等しい値となっている．

ヒストグラムの主な山型の形状として，図１・１・２のような 3 種類が挙げら

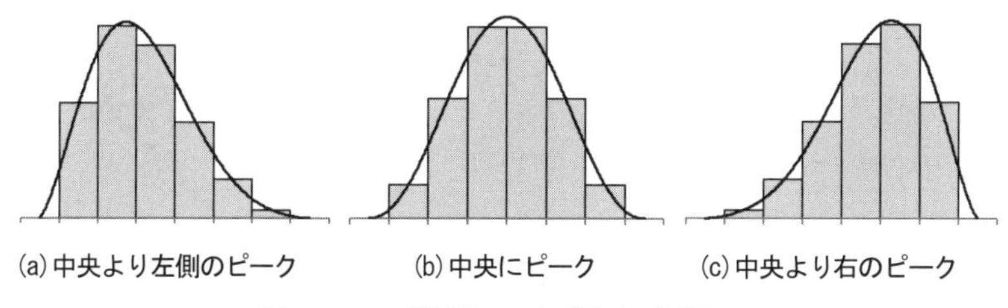

図1・1・2　単峰性ヒストグラムの種類

れる．これらの図はピークが１つの**単峰性**の山型であり，これら以外にピークが２つ以上の**多峰性**になることもある．一般的に，(ａ)のピークが平均値よりも左側にある場合は，最頻値<中央値<平均値，(ｂ)の中央にピークがくる場合は，最頻度≅中央値≅平均値，(ｃ)の平均値の右側にピークがある場合は，平均値<中央値<最頻値の関係になることがほとんどである．ここで取り上げた例のヒストグラム（図１・１・１）は(ａ)の形状をしており，確かに最頻値(5.5)<中央値(6.4)<平均値(6.88)の関係となっている．

［**補足**］　ピアソンの実験式として知られる次の関係がある[2]．

$$(\text{平均値} - \text{最頻値}) \approx 3 \times (\text{平均値} - \text{中央値})$$

この関係は経験的に得られたものである．本項で取り上げた例の数値を当てはめてみると，

$$\text{左辺} = 6.88 - 5.5 = 1.38$$

$$\text{右辺} = 3 \times (6.88 - 6.4)$$

$$= 1.32$$

となって，両辺はほぼ同程度の数値であり，ピアソンの実験式に当てはまる．

（３）累積度数曲線

図１・１・３は図１・１・１のヒストグラムに累積度数を重ねて

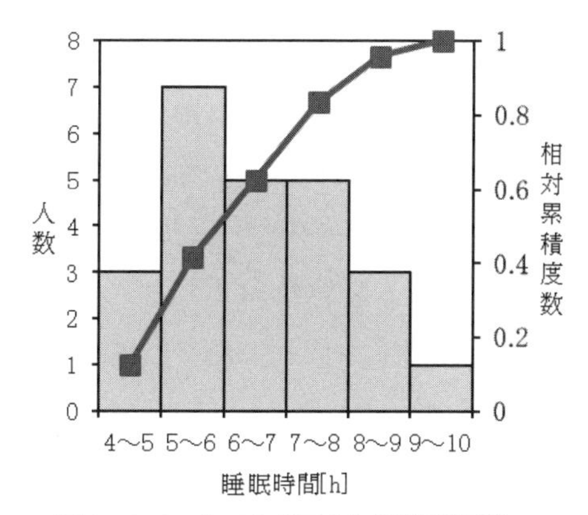

図1・1・3　ヒストグラムと相対累積度数

表示したものである．ただし，表１・１・８の各区間の累積度数値を人数の合計で割った相対累積度数を示しており，グラフの右端の値は1.0となる．累積度数（あるいは相対累積度数）を表した曲線のことを**累積度数曲線**と呼ぶ．

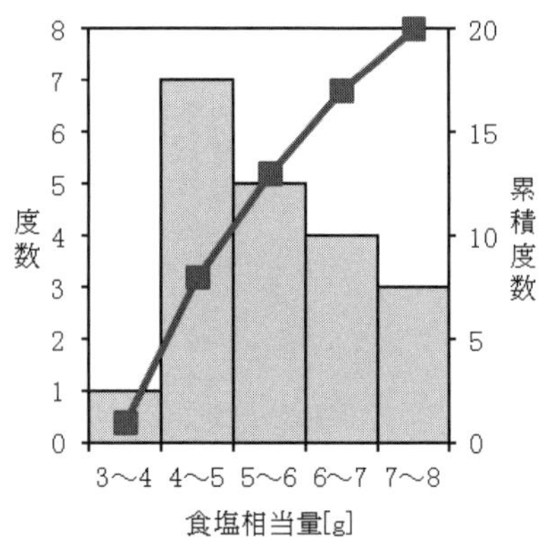

図１・１・４　表１・１・１０のヒストグラムと累積度数

【問１・１・６】　問１・１・５の度数分布表のヒストグラムを作成し，これに累積度数曲線も重ねて表示せよ．

［解］　図１・１・４のようになる．このグラフでは累積度数を示したが，相対累積度数にしてもよい．

１・１・３　相関と回帰

（１）散布図

前項までのように，度数分布表やヒストグラムを用いれば，データの特徴を把握しやすくなることがわかった．

これまで取り扱ってきたデータは，同じ種類の数値を，1 列に並べて表すことのできるものであった．そのようなデータのことを 1 変量のデータという．この項では2変量のデータについて考えてみる．

表１・１・１１はある業界の 10 社の企業データを示した例で，従業員数と売上高の2変量のデータとなっている．このようなデータについて，度数分布表やヒストグラムを作成しても，1つの変量に関する特徴が得られるだけで，2つの変量間の関係についてはほとんどわからない．そこで，横軸に従業員数，縦

表１・１・１１　例：ある業界の企業の従業員数と売上高

従業員数［人］	113	174	98	221	54	209	167	171	245	75
売上高［億円］	1153	1004	854	497	409	1201	226	596	1176	109

軸に売上高を取ったグラフを描いてみる．それが図1・1・5であり，このようなグラフのことを**散布図**と呼ぶ．この図から，プロットされた点の分布を見ることにより，2つの変量の間の関係を調べることができる．

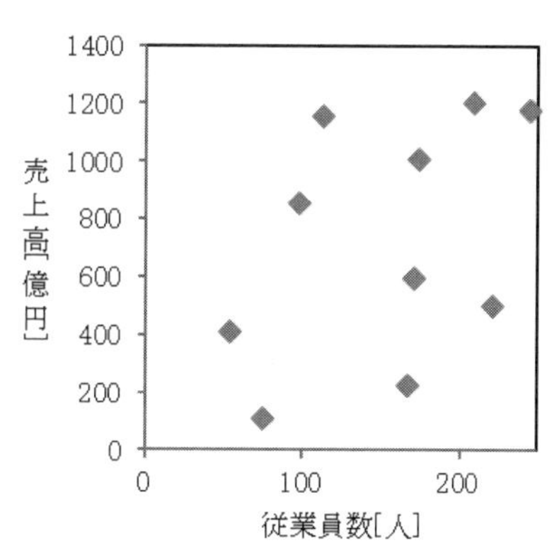

図1・1・5　従業員数と売上高の関係

今，従業員数を変数x，売上高を変数yで表すことにすると，もし売上高と従業員数の間に直線的な関係（**線形**という）があれば，ある直線$y = ax + b$の直線上に各点は位置することになる．ただし，aは比例係数（比例定数，あるいは傾きともいう），bは切片である．このことから，右上がりの直線の付近に点が分布していれば，2つの変量間には直線に近い関係があるということができる．このような，変量値の増減に関する変量間の関係のことを**相関関係**と呼び，関係がある場合を**相関**がある，ない場合は相関がないという．この図の場合$(a > 0)$は，相関があり，それは正の相関となるが，逆に，右下がりの直線付近に点が分布する場合$(a < 0)$は，負の相関となる．右上がり，右下がりの直線付近に分布せず，グラフの領域全体にわたって点が分布する場合には，相関はない．

表1・1・12　ヨーロッパの主な国の面積と人口（総務省統計局,『世界の統計 2016』より）

国名	面積［千m^2］	人口［百万人］
イギリス	242.5	64.3
イタリア	302.1	60.7
オーストリア	83.9	8.5
オランダ	37.4	16.8
ギリシャ	132.0	10.9
スイス	41.3	8.1
スウェーデン	450.3	9.6
スペイン	506.0	46.5
チェコ	78.9	10.5
ドイツ	357.3	80.8
フランス	551.5	64.1
ポーランド	311.9	38.0
ポルトガル	92.2	10.4
デンマーク	42.9	5.6

【問1・1・7】　表1・1・12はヨーロッパの主な国々の面積と人口を表したものである．この表の面

積と人口のデータについて散布図を作成せよ.

［解］　図１・１・６のようになる.

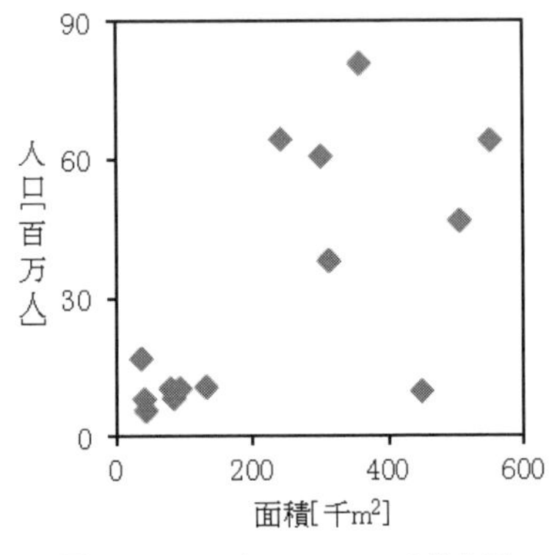

図１・１・６　表１・１・１２の散布図

（２）共分散

散布図により，変量間に関係があるかどうかを図的に捉えることができるが，どの程度の相関があるか比較を行う際など，数値化された指標があれば便利である．そこで，相関の程度の数値化を行う.

第１・１・１項において，データ$x = \{x_i, i = 1 \sim n\}$のばらつきの程度を表す基本統計量である分散を

$$\sigma_x{}^2 = \frac{1}{n}\sum_{i=1}^{n}(x_i - \bar{x})^2$$

により求めた．表１・１・１１のデータを例とすると，従業員数をx，売上高をyと置いて，

$$\sigma_{xy} = \frac{1}{n}\sum_{i=1}^{n}(x_i - \bar{x})(y_i - \bar{y})$$

により求めたσ_{xy}の値をxとyの**共分散**と呼ぶ．ここで，$\bar{x}$と$\bar{y}$はそれぞれの変量の平均値，nは各変量のデータの個数である.

この共分散の値は何を表しているのだろうか．図１・１・５において，縦軸および横軸の平均値の位置に，それぞれ横線と縦線の点線を記入したものが図１・１・７である．図中の“＋”

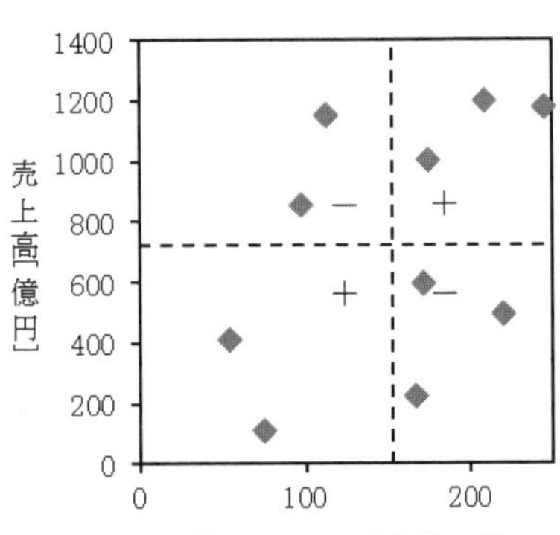

図１・１・７　図１・１・５に平均値の平均値の点線を示したグラフ

は$(x_i-\bar{x})(y_i-\bar{y})$の値が正になる範囲，“－”は負になる範囲を示している．グラフ上の点(x_i, y_i), $(i=1\sim n)$のほとんどが“＋”の領域にある場合は，x_iが$\bar{x}$よりも大きければy_iも$\bar{y}$より大きく，x_iが$\bar{x}$よりも小さければy_iも$\bar{y}$より小さいことを意味し，変量xとyは似た傾向のデータであることを示している．もし，“－”の範囲に多くの点が存在すれば，変量xとyは一方が大きいと，他方は小さい値を取るような関係であることがわかる．このことから，共分散の値は 2 つの変量間の相関関係の程度を表す数値であると考えることができる．

表１・１・１１のデータの共分散を求めてみると，$\bar{x}=152.7$ ，$\bar{y}=722.5$として，

$$\sigma_{xy}=\frac{1}{10}\{(113-\bar{x})(1153-\bar{y})+(174-\bar{x})(1004-\bar{y})+\cdots$$
$$+(76-\bar{x})(109-\bar{y})\}\approx 10430.45$$

となり，正の値であるから図１・１・７の“＋”の範囲にデータが多く分布し，正の相関関係があることがわかる．

【問１・１・８】　共分散の計算式は

$$\sigma_{xy}=\frac{1}{n}\sum_{i=1}^{n}x_i\,y_i-\bar{x}\,\bar{y}$$

と変形できることを示せ．

［解］　次のように変形すると与式が得られる．

$$\sigma_{xy}=\frac{1}{n}\sum_{i=1}^{n}(x_i-\bar{x})\,(y_i-\bar{y})=\frac{1}{n}\sum_{i=1}^{n}(x_iy_i+\bar{x}\bar{y}-x_i\bar{y}-y_i\bar{x})$$
$$=\frac{1}{n}\left(\sum_{i=1}^{n}x_iy_i+\bar{x}\bar{y}\sum_{i=1}^{n}1-\bar{y}\sum_{i=1}^{n}x_i-\bar{x}\sum_{i=1}^{n}y_i\right)=\frac{1}{n}\sum_{i=1}^{n}x_iy_i+\bar{x}\bar{y}-2\bar{x}\bar{y}$$
$$=\frac{1}{n}\sum_{i=1}^{n}x_iy_i-\bar{x}\bar{y}$$

【問１・１・９】　表１・１・３および表１・１・１２のデータについて，本文中の計算式および前問の計算式により，共分散の値を求めよ．

［略解］　どちらの式で計算しても次の値が得られる．表１・１・３の場合は，$\sigma_{xy} \approx 0.2563$，表１・１・１２の場合は$\sigma_{xy} \approx 3048.35$となる．

（３）相関係数

共分散の式は，2 つの変量の値からそれぞれの平均値を引いた後にかけ合わせ，さらにその総和を取っているため，変量の数値に比べてかなり大きな（あるいは負の小さな）値となることもある（例えば，表１・１・１１の場合はかなり大きい）．そこで，変量間の値の大小によらず，比較が容易に行えるように，変量xとyの共分散および標準偏差を用いて，

$$r_{xy} = \frac{\sigma_{xy}}{\sigma_x \sigma_y} = \frac{\sum_{i=1}^{n}(x_i - \bar{x})(y_i - \bar{y})}{\sqrt{\sum_{i=1}^{n}(x_i - \bar{x})^2}\sqrt{\sum_{i=1}^{n}(y_i - \bar{y})^2}}$$

として，このr_{xy}の値を**相関係数**(あるいは**ピアソンの積率相関係数**)と呼ぶ．相関係数は-1～1の間の数値を取る（証明は省略する）．

図１・１・７の“＋”の範囲に多くの点が存在するような場合（正の相関）は，相関係数は１に近い値となり，１になるのは$y = x$の場合である．逆に，同図の“－”の範囲に多く点が存在する場合（負の相関）には，相関係数は-1に近い値を取り，-1になるのは$y = -x$の場合である．相関係数が１や-1に近いほど相関は強く，0 に近づくほど相関は弱い．0 の場合は相関がない．表１・１・１３は，相関係数値と相関の程度の関係として一般に知られているものである．表１・１・１１のデータの相関係数は，$\sigma_{xy} \approx 10430.45$，$\sigma_x \approx 61.3955$，$\sigma_y \approx 387.8812$より

表１・１・１３　相関係数値と相関の関係

相関係数	相関関係
0	相関はまったくない
0.0～±0.2	相関はほとんどない
±0.2～±0.4	弱い相関がある
±0.4～±0.7	（中程度の）相関がある
±0.7～±0.9	強い相関がある
±1.0	完全な相関がある

$$r_{xy} = \frac{\sigma_{xy}}{\sigma_x \sigma_y} \approx \frac{10430.45}{61.3955 \times 387.8812} \approx 0.4380$$

となり，（中程度の）相関があるといえる．

このように，相関係数の値により，変量間の関係について，相関の程度を 0 から±1の範囲の数値で表せるので，相関関係の強弱の比較ができることになる.

【問1・1・10】　表1・1・3および表1・1・12のデータの相関係数の値を求めよ.

［略解］　表1・1・3の場合は，$\sigma_{xy} \approx 0.2563$，$\sigma_x \approx 0.6112$，$\sigma_y \approx 0.7071$から，

$$r_{xy} = \frac{\sigma_{xy}}{\sigma_x \sigma_y} \approx \frac{0.2563}{0.6112 \times 0.7071} \approx 0.5929$$

表1・1・12の場合は，$\sigma_{xy} \approx 3048.35$，$\sigma_x \approx 176.64$，$\sigma_y \approx 25.967$から，

$$r_{xy} = \frac{\sigma_{xy}}{\sigma_x \sigma_y} \approx \frac{3048.35}{176.64 \times 25.967} \approx 0.6646$$

となり，どちらも 2 変量間に（中程度の）相関があることがわかる.

（4）回帰直線

相関係数は，データを散布図にプロットしたときの分布の様子が直線的な関係に近いかどうかに着目し，その程度を数値で表すものであった．ここでもう一度散布図に戻ってみる．データの分布が直線に近いとすると，散布図にデータの中央を通る直線を引いたらどうだろうか.

図1・1・8は，図1・1・5の散布図にそのような直線を書き込んだものである．このデータの中央を通る直線のことを**回帰直線**という．この場合の直線の方程式（**回帰式**）は

$$y = 2.767x + 299.96$$

となり，比例係数は2.767，切片は299.96である．**回帰**とは，このように，ある**モデル**（ここでは直線）をデータに当てはめることという.

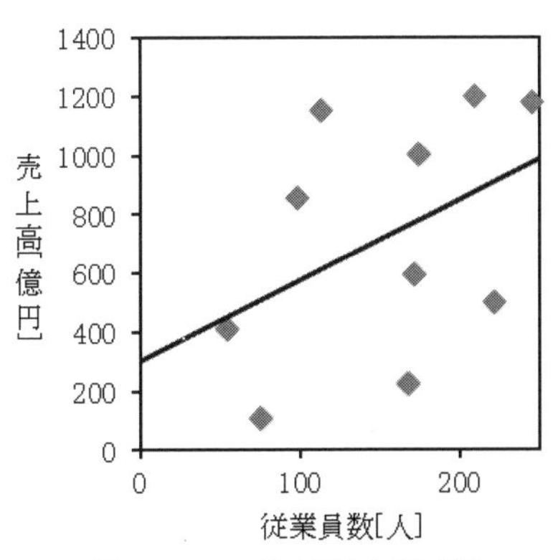

図1・1・8　散布図と回帰直線

回帰直線は次のようにして求める．n

個のデータ点$(x_i, y_i), i = 1 \sim n$の値を回帰式$y = ax + b$に代入すると，

$$y_1 = ax_1 + b$$
$$y_2 = ax_2 + b$$
$$\vdots$$
$$y_n = ax_n + b$$

が得られる．これらの式の左辺と右辺は，もしデータ点が回帰直線上にあれば，等しいはずである．そうでなければ，左辺と右辺の差である誤差が生じるので，その2乗の総和Eを

$$\begin{aligned} E &= (y_1 - ax_1 - b)^2 + (y_2 - ax_2 - b)^2 + \cdots + (y_n - ax_n - b)^2 \\ &= \sum_{i=1}^{n} (y_i - ax_i - b)^2 \end{aligned}$$

として求める．この誤差の2乗和が最小値となるように未知数aとbを決めればよい．このような未知数の決定手法のことを**最小2乗法**という．Eが最小値になるには，それを未知数で偏微分した値が0になればよいので，

$$\frac{\partial E}{\partial a} = \frac{\partial}{\partial a} \sum_{i=1}^{n} (y_i - ax_i - b)^2 = -2 \sum_{i=1}^{n} (y_i - ax_i - b) x_i = 0$$
$$\frac{\partial E}{\partial b} = \frac{\partial}{\partial b} \sum_{i=1}^{n} (y_i - ax_i - b)^2 = -2 \sum_{i=1}^{n} (y_i - ax_i - b) = 0$$

の連立方程式を解いて未知数を求める．この2つの式を**正規方程式**という．連立方程式は，ガウスの消去法あるいはクラメルの公式を用いて解くことができるが，詳細は省略して結果のみを記すと次のようになる（できれば，読者は各自で求めてみてほしい）．

$$a = \frac{n \sum_{i=1}^{n} (x_i y_i) - \sum_{i=1}^{n} x_i \sum_{i=1}^{n} y_i}{n \sum_{i=1}^{n} x_i^2 - (\sum_{i=1}^{n} x_i)^2}$$

$$b = \frac{\sum_{i=1}^{n} x_i^2 \sum_{i=1}^{n} y_i - \sum_{i=1}^{n} x_i (\sum_{i=1}^{n} x_i y_i)}{n \sum_{i=1}^{n} x_i^2 - (\sum_{i=1}^{n} x_i)^2}$$

表1・1・10のデータをこれらの式に代入すると，

$$n = 10,\ \sum_{i=1}^{n} x_i\, y_i = 1207562,\ \sum_{i=1}^{n} x_i = 1527,$$

$$\sum_{i=1}^{n} y_i = 7225,\ \sum_{i=1}^{n} x_i^2 = 270867$$

であるから，結局

$$a \approx 2.767\ ,\ b \approx 299.96$$

となり，回帰直線

$$y = 2.767x + 299.96$$

が得られる．

さらに，aとbの式を変形すれば，

$$a = \frac{\sum_{i=1}^{n}(x_i - \bar{x})(y_i - \bar{y})}{\sum_{i=1}^{n}(x_i - \bar{x})^2} = \frac{n\sigma_{xy}}{n\sigma_x^2} = r_{xy}\frac{\sigma_x \sigma_y}{\sigma_x^2} = r_{xy}\frac{\sigma_y}{\sigma_x}$$

$$b = \bar{y} - a\bar{x}$$

となり，相関係数と共分散を用いて回帰直線を表現できることがわかる（この変形についても，読者自ら確かめてほしい）．

【問1・1・11】　表1・1・12のデータについての散布図（図1・1・6）の回帰直線を求め，同図中に書き込め．

［解］　表1・1・12のデータから，

$$n = 14,\quad \sum_{i=1}^{n} x_i\, y_i = 106177.66,\quad \sum_{i=1}^{n} x_i = 2592.2$$

$$\sum_{i=1}^{n} y_i = 396.8,\quad \sum_{i=1}^{n} x_i^2 = 908648.02$$

であるから，結局

$$a \approx 0.097702,\quad b \approx 8.514603$$

となり，次の回帰直線が得られる．

$$y = 0.097702x + 8.514603$$

この回帰直線を引いた散布図を図１・１・９に示す.

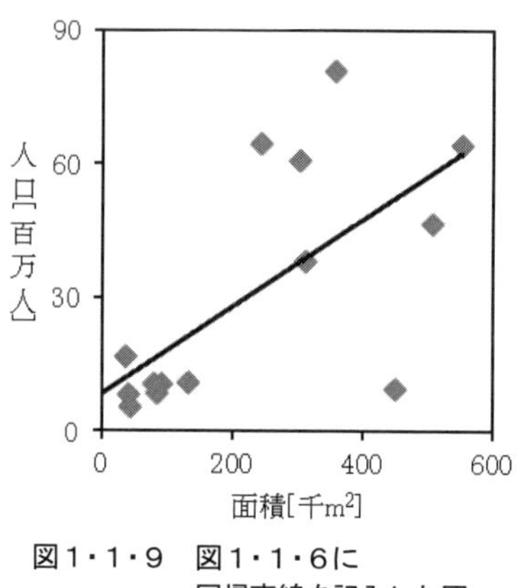

図1・1・9　図1・1・6に
回帰直線を記入した図

1・1・4　順位尺度データの相関

第１・１・３項では，２つの変量間の相関の程度を表す量としてピアソンの積率相関係数を定義した．その場合のデータは，例えば，身長や体重，試験の点数，商品の価格など，計量あるいは計数され，その数や量の大きさが意味をもつものである. このようなデータのことを**量的尺度データ**（または**量的データ**）という．これに対して，アンケートの選択肢の番号のような数値の場合は，量としての大きさではなく，区別の目的のためだけに数値が割り振られていると考えられる．このようなデータのことを**質的尺度データ**（または**質的データ**）という．これらのように，**尺度**とはデータの数値の大きさや意味を解釈する際の基準のことである．本項では，これまで本書で取り扱ってこなかった質的尺度データの相関について考えてみる.

質的尺度データのうちで, 数値の大小関係に意味のある場合がある. 例えば, 表１・１・１４に示す選挙結果の例のような場合である．この例の得票数は量的尺度データであるが，順位の数字は量的に意味をもつものではなく，ただ順位の上下関係を表しているだけである．質的尺度データの中でも，このように順位関係を表したデータのことを**順位尺度データ**（または**順位データ**）という．

表1・1・14　例：選挙の得票結果と順位

候補者	得票数			順位		
	A地区	B地区	合計	A地区	B地区	合計
T氏	34085	49653	83738	4	6	5
Y氏	95051	153219	248270	3	2	2
M氏	136611	221192	357803	1	1	1
S氏	107297	100954	208251	2	3	3
K氏	29632	50278	79910	6	5	6
H氏	33986	76189	110175	5	4	4

順位尺度データについても，量的尺度データ場合と同じように，2 つのデータの間の相関関係を調べることができたら便利である．この目的のために，順位相関係数と呼ばれる相関係数が用いられる(3).

（1）スピアマンの順位相関係数

表1・1・14のA地区の順位とB地区の順位の相関を調べてみる．

まず，表1・1・15のように，各候補者のA地区とB地区での順位の差d_iを求める．このとき，相関係数R_Sを次式で定義する．

$$R_S = 1 - \frac{6\sum_{i=1}^{n} d_i^2}{n^3 - n}$$

ただし，nはデータの個数である．このようにして求めたR_Sのことを**スピアマンの順位相関係数**という．R_Sの値は-1と 1 の間の範囲の値を取る．

表1・1・15　表1・1・14の地区間の順位差

候補者	順位		順位差
	A地区 (a_i)	B地区 (b_i)	($d_i = a_i - b_i$)
T氏	4	6	−2
Y氏	3	2	1
M氏	1	1	0
S氏	2	3	−1
K氏	6	5	1
H氏	5	4	1

実際に表の数値を代入すると，

$$R_S = 1 - \frac{6 \times \{(-2)^2 + 1^2 + 0^2 + (-1)^2 + 1^2 + 1^2\}}{6^3 - 6}$$

$$= 1 - \frac{48}{210} = \frac{162}{210} \approx 0.7714$$

となり，評価の目安として表１・１・１３の関係を用いれば，強い相関があることがわかる．

［補足］　順位付けを行う際に，同順位のものがあって，例えば1位，2位，2位，4位となるような場合には，同順位の平均を取って，1位，2.5位，2.5位，4位とする．次項のケンドールの順位相関係数でも同様にする．

【問１・１・１２】　表１・１・１４のA地区と合計の順位について，スピアマンの順位相関係数を求めよ．また，B 地区と合計の順位についても同様に計算を行い，A地区とB地区ではどちらが合計との相関が強いか調べよ．

［解］　順位差は，表１・１・１６および表１・１・１７のようになる．

表１・１・１６　A地区と合計の順位差

候補者	順位		順位差
	A地区 (a_i)	合計 (b_i)	$(d_i=a_i-b_i)$
T氏	4	5	−1
Y氏	3	2	1
M氏	1	1	0
S氏	2	3	−1
K氏	6	6	0
H氏	5	4	1

表１・１・１７　B地区と合計の順位差

候補者	順位		順位差
	B地区 (a_i)	合計 (b_i)	$(d_i=a_i-b_i)$
T氏	6	5	1
Y氏	2	2	0
M氏	1	1	0
S氏	3	3	0
K氏	5	6	−1
H氏	4	4	0

これらより，A地区と合計との間の相関は$R_S \approx 0.8857$，B地区と合計との間の相関は$R_S \approx 0.9429$となり，どちらの地区とも合計との相関は強いが，B地区の方がより合計との相関は強いことがわかる．

（２）ケンドールの順位相関係数

スピアマンの順位相関係数とは別の定義による順位相関係数として，**ケンドールの順位相関係数**がある．表１・１・１４の例で，A地区とB地区の順位について，この相関係数を求めてみる．

A 地区の順位に従って，昇順に表の並び替えを行ったものが表１・１・１８である．この表の，同順数（c_i）と逆順数（d_i）は次のようにして求める．まず，

表1・1・18　A地区とB地区の順位と同順・逆順の差

候補者	順位		同順数	逆順数	同順と逆順の差
	A地区 (a_i)	B地区 (b_i)	(c_i)	(d_i)	$(e_i=c_i-d_i)$
M氏	1	1	5	0	5
S氏	2	3	3	1	2
Y氏	3	2	3	0	3
T氏	4	6	0	2	-2
H氏	5	4	1	0	1
K氏	6	5			

M氏に注目し，A地区での順位をS氏の順位と比較するとM氏が上位であり，B地区でも同様である．この場合は，同じ順序関係であるから同順数を1増やす．もしも，B地区ではS氏の方が上位であれば，異なる順序関係であるとして，逆順数を1増やす．次に，M氏とY氏について同じ処理を行う．これをK氏まで繰り返すと，$c_1 = 5$，$d_1 = 0$が求まる．次に，S氏に注目し，Y氏以下に対して同じことを行って，$c_2 = 3$，$d_2 = 1$を得る．同様にして，H氏に注目した分，$c_5 = 1$，$d_5 = 0$まで繰り返す（K氏への注目は，比較相手がないので行わない）と，同順数，逆順数がすべて求められる．その後，各行について，同順数と逆順数の差$e_i = c_i - d_i$を計算する．

このようにして得られた同順と逆順の差の総和により，相関係数R_Kを次式で定義する．

$$R_K = \frac{\sum_{i=1}^{n} e_i}{{}_nC_2} = \frac{2\sum_{i=1}^{n} e_i}{n(n-1)}$$

ここで，nはデータの個数である．この式の分母の${}_nC_2$は順序関係の比較回数を表す，組み合わせの数である．この式に表1・1・17の数値を代入すると，

$$R_K = \frac{2 \times (5 + 2 + 3 - 2 + 1)}{6 \times 5} = \frac{18}{30} = 0.6$$

となって，表1・1・13を用いれば，A地区とB地区の順位の間には（中程度の）相関があることがわかる．

【問1・1・13】　問1・1・12と同様の比較をケンドールの順位相関関数を用いて行え．

［解］　同順数と逆順数の表は，表1・1・19および表1・1・20のようになる．これらの表から相関係数を計算すると，A地区と合計の場合は$R_K \approx 0.7333$，B地区と合計では

$R_K \approx 0.8667$となり，スピアマンの順位相関係数の場合と同様に，B 地区と合計の方が A 地区と合計よりも相関が強いことがわかる．

表１・１・１９ A地区とB地区の順位と同順・逆順の差

候補者	順位		同順数	逆順数	同順と逆順の差
	A 地区 (a_i)	合計 (b_i)	(c_i)	(d_i)	(e_i=c_i−d_i)
M氏	1	1	5	0	5
S氏	2	3	3	1	2
Y氏	3	2	3	0	3
T氏	4	5	1	1	0
H氏	5	4	1	0	1
K氏	6	6			

表１・１・２０ B地区と合計の順位と同順・逆順の差

候補者	順位		同順数	逆順数	同順と逆順の差
	B 地区 (a_i)	合計 (b_i)	(c_i)	(d_i)	(e_i=c_i−d_i)
M氏	1	1	5	0	5
Y氏	2	2	4	0	4
S氏	3	3	3	0	3
H氏	4	4	2	0	2
K氏	5	6	0	1	-1
T氏	6	5			

１・１・５ 名義尺度データの相関

質的尺度データのうちで，アンケートなどの項目に単に数字を付しただけのもの，例えば，男性は“1”，女性は“2”として回答されたデータのようなものを**名義尺度データ**（または**名義データ**）と呼ぶ．このようなデータでは，数値の大小には意味がなく，“男性”や“女性” などの名義を数字に置き換えて表しているだけにすぎない．例えば，表１・１・２１は，コーヒーも紅茶もよく飲むという 10 人に対して，その摂取形態を，コーヒーはインスタントかレギュラーか，紅茶はティーバッグかリーフティーかを，それぞれ“0”または“1”の 2 つの選択肢を示して尋ねた結果の例である．一般に，このような 2 変量の名義尺度データは，**2 × 2クロス集計表**と呼ばれる表に集計すると関係を捉えやすい．この例のクロス集計表は表１・１・２２のようになる．ただし，表中では，分か

表１・１・２１ 例：コーヒーと紅茶の摂取形態アンケート結果

コーヒー(x)	1	0	1	0	1	0	1	0	0	0
紅茶(y)	0	0	1	0	0	0	1	0	0	1

（※コーヒーの０はインスタントで１はレギュラー，紅茶の０はティーバッグで１はリーフティー）

表１・１・２２ コーヒーと紅茶の摂取形態アンケート結果

		コーヒー	
		インスタント	レギュラー
紅茶	ティーバッグ	5	2
	リーフティー	1	2

りやすいように，２値データの代わりに本来の名義を記している．

名義尺度データの相関について，データが“0”と“1”の２値で表されている場合には，第１・１・３項で述べたピアソンの積率相関係数の計算法により相関係数を求めることができる．この場合の相関係数のことを**ファイ係数**と呼ぶ(4)．表１・１・２０のファイ係数は，次のようになる．それぞれの変量の平均値は，$\bar{x}=0.4$ ，$\bar{y}=0.3$であるから，

$$\sigma_{xy}=\frac{1}{10}\{(1-0.4)(0-0.3)+\cdots+(0-0.4)(1-0.3)\}=0.08$$

$$\sigma_x=\sqrt{\frac{1}{10}\{(1-0.4)^2+\cdots+(0-0.4)^2\}}\approx 0.4899$$

$$\sigma_y=\sqrt{\frac{1}{10}\{(0-0.3)^2+\cdots+(1-0.3)^2\}}\approx 0.4583$$

$$r_{xy}=\frac{\sigma_{xy}}{\sigma_x\sigma_y}\approx\frac{0.08}{0.4899\times 0.4583}\approx 0.3563$$

となって，表１・１・１３より，弱い相関があるといえる．

【問１・１・１４】　表１・１・２３はテレビのニュースをよく見るかどうかと，年齢層の関係について，８人に聞いた結果である．ただし，年齢層は40歳以上とそれ未満，ニュースはよく見るかそうでないかを，それぞれ“1”と“0”の２つの選択肢で回答を求めた名義尺度データである．このデータをわかりやすく表示するために，2×2クロス集計表を作成せよ．次に，２値データからファイ係数を計算し，年齢層とテレビのニュース視聴に相関があるかどうか調べよ．

表１・１・２３　例：年齢層とテレビのニュース視聴率アンケート結果

年齢層(x)	1	1	0	1	0	0	1	0
ニュース視聴(y)	1	0	1	1	1	0	1	0

(※年齢層は40歳以上は０でそれ未満は１，
ニュース視聴はよく見るは１でそれ以外は０)

［解］　2×2クロス集計表は表１・１・２４のようになる．

平均値は$\bar{x}=0.5$ ，$\bar{y}=0.63$ ，共分散および分散は$\sigma_{xy}=0.06$ ，$\sigma_x=0.5$ ，$\sigma_y\approx$

0.4841となるから

$$r_{xy} \approx \frac{0.06}{0.5 \times 0.4841} \approx 0.2582$$

となって，表１・１・１３より，弱い相関があるといえる．

表１・１・２４　年齢層とテレビのニュース視聴アンケート結果

		年齢層	
		40歳以上	40歳未満
ニュース	よく見る	3	2
	それ以外	1	2

１・２　確率の基礎

１・２・１　確率に関する基本事項

確率とはある“ものごと”が起こる程度を数値で表したものである．この節では，確率に関する基本事項について簡潔に扱い，確率変数と確率分布について必要な事項を述べる．厳密な部分は巻末の参考文献を参照していただきたい．

確率を考えるための準備として，起こり得る“ものごと”を要素と考えた集合を定義する．起こり得る“ものごと”のことを**事象**といい，その全体の集合を**標本空間**という．特に，基本となる事象を**根元事象**といい，集合論のように各事象は根元事象の合併と考えることができる．そこで事象についていくつかの言葉を定義する．

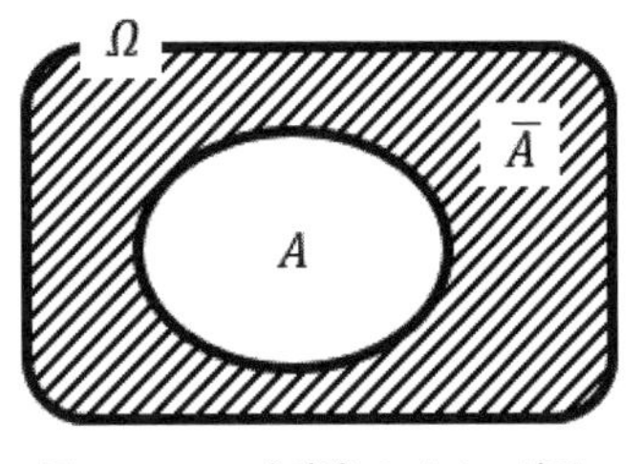

図１・２・１　余事象のイメージ図

標本空間をΩとするとき，Ωに属するある事象をAで表せば，“事象Aが起こらない”という事象を**余事象**と呼び，$\bar{A}$と表す（図１・２・１参照）．また，２つの事象A_1, A_2について，“A_1またはA_2が起こる”という事象を**和事象**，“A_1とA_2が同時に起こる”という事象を**積事象**といい，それぞれ$A_1 \cup A_2$，$A_1 \cap A_2$と表す（図１・２・２，図１・２・３参照）．ここで，事象Aとその余事

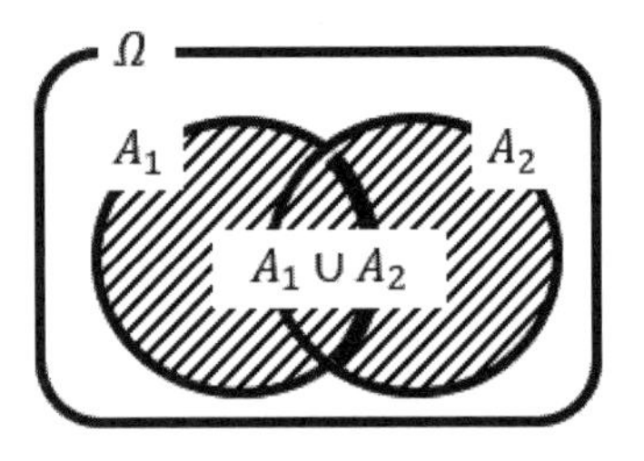

図１・２・２　和事象のイメージ図

象$\bar{A}$の和事象$A \cup \bar{A}$は，起こり得るすべての事象であるため，標本空間Ωと一致する．一方，事象Aとその余事象$\bar{A}$の積事象$A \cap \bar{A}$は，Aと$\bar{A}$は同時に起こらないため，起こり得ない事象である．このような，起こり得ない事象を**空事象**といい，$\emptyset$で表す．また，2つの事象A_1, A_2の積事象$A_1 \cap A_2$が空事象であるとき，事象A_1, A_2は**互いに排反**であるという（図１・２・４参照）．３つ以上の事象$A_1, A_2, A_3, \cdots$についても同様である．

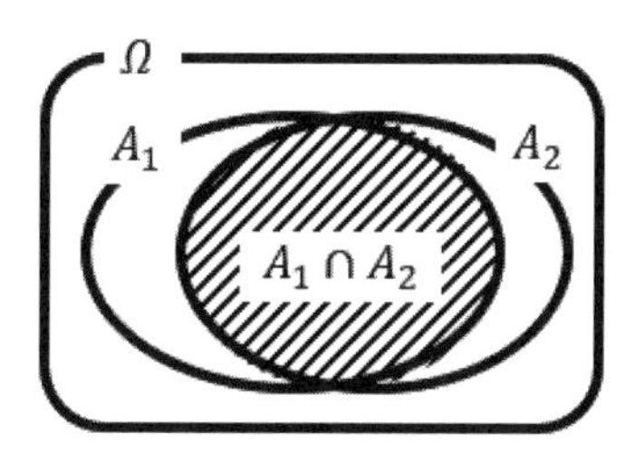

図１・２・３　積事象のイメージ図

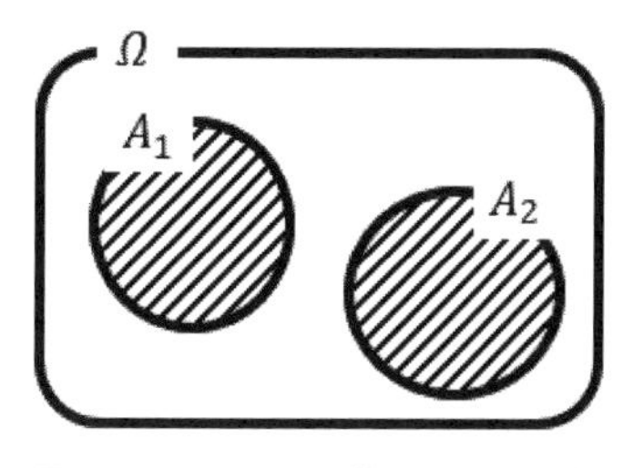

図１・２・４　互いに排反のイメージ図

前述の用語を用いれば，**確率**とは，標本空間においてある事象が起こる程度を数値で表したものであるということができる．以降，事象Aが起こる確率を$P(A)$で表す．確率$P(A)$の詳しい算出方法については本書では扱わず，確率について成り立つ３つの公理のみを紹介する．

確率の公理：標本空間Ω内の事象の確率について次が成り立つ．

（１）　すべての事象Aについて，$0 \leq P(A) \leq 1$

（２）　標本空間Ωについて，$P(\Omega) = 1$

（３）　互いに排反である事象$A_1, A_2, \cdots$ について，

$$P(A_1 \cup A_2 \cup \cdots) = P(A_1) + P(A_2) + \cdots$$

以上に述べたことを用いて示すことができる命題をいくつかの例と問いによって紹介する．

【例１・２・１】　標本空間Ω内の事象Aについて，余事象$\bar{A}$が起こる確率$P(\bar{A})$は，事象Aが起こる確率$P(A)$を用いて，

$$P(\bar{A}) = 1 - P(A)$$

により求められることを示せ．

［解］$A \cup \bar{A} = \Omega$より，

$$P(A \cup \bar{A}) = P(\Omega) = 1$$

であり，Aと$\bar{A}$は互いに排反であるので，

$$P(A \cup \bar{A}) = P(A) + P(\bar{A})$$

が成り立つ．したがって，

$$P(A) + P(\bar{A}) = 1$$

より，

$$P(\bar{A}) = 1 - P(A)$$

が成り立つ．

【問1・2・1】　標本空間Ω内の事象A, Bについて，和事象$A \cup B$が起こる確率$P(A \cup B)$は，事象Aが起こる確率$P(A)$，事象Bが起こる確率$P(B)$，および積事象$A \cap B$が起こる確率$P(A \cap B)$を用いて，

$$P(A \cup B) = P(A) + P(B) - P(A \cap B)$$

により求められることを示せ．

［解］$A' = A \cap \overline{(A \cap B)}$（$A$から$A \cap B$を除いた事象，図1・2・5参照）とおくと，$A = A' \cup (A \cap B)$であり，$A'$と$A \cap B$は互いに排反であるので

$$P(A) = P(A') + P(A \cap B)$$

である．同様にBについて，$B' = B \cap \overline{(A \cap B)}$（$B$から図1・2・5の$A \cap B$を除いた事象）とおくと

$$P(B) = P(B') + P(A \cap B)$$

である．また，$A \cup B = A' \cup B' \cup (A \cap B)$であり，$A'$と$B'$と$A \cap B$は互いに排反であるので，

$$P(A \cup B) = P(A') + P(B') + P(A \cap B)$$

が成り立つ．したがって，

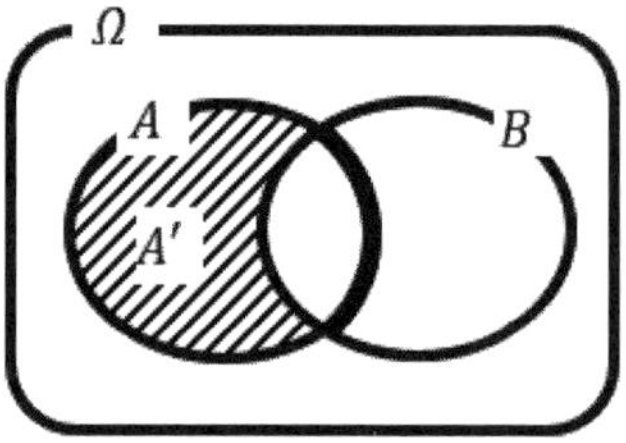

図1・2・5　Aから$A \cap B$を除いた事象のイメージ図

$$
\begin{aligned}
P(A \cup B) &= P(A') + P(B') + P(A \cap B) \\
&= P(A') + P(B') + P(A \cap B) + P(A \cap B) - P(A \cap B) \\
&= \{P(A') + P(A \cap B)\} + \{P(B') + P(A \cap B)\} - P(A \cap B)
\end{aligned}
$$

より,

$$P(A \cup B) = P(A) + P(B) - P(A \cap B)$$

が成り立つ.

[注意] 問1・2・1について，AとBが互いに排反である場合は，$A \cap B = \phi$であるので，$P(A \cap B) = P(\phi) = 0$より，確率の公理の（3）を満たす.

1・2・2　確率変数と確率分布

前項で標本空間において，ある事象が起こる程度を数値で表したものが確率であることを述べた．ここでは，事象に対して値を対応させる．例えば，コインを投げるという試行において，“表が出る”という事象に 0，“裏が出る”という事象に 1 を対応させたり，サイコロを 1 回振るという試行において，“1 が出る”という事象に 1，“2 が出る”という事象に 2,…などと対応させたりする．このとき，それぞれの事象は変数と考えることができる．この変数に対して，起こる確率を対応させる関数を考える．このように定めた値に，その確率が対応している変数を確率変数といい，XやYを用いて表す．確率変数Xが事象に対応したある値aを取る確率がpであるとき，

$$P(X = a) = p$$

と表す．同様に，Xがaより小さい値を取る確率を$P(X < a)$，Xがaより大きい値を取る確率を$P(X > a)$，Xがaより大きくbより小さい値を取る確率を$P(a < X < b)$と不等式を用いて表す．a以上やa以下としたい場合には，等号の付いた不等号を用いる.

確率変数には，前述のコインの表裏やサイコロの目の出る確率の例のように，ある値とそれに隣接する値との間に値をもたず，飛び飛びの値を取る**離散型確**

率変数と，秒針が文字盤を連続的に回るときの0秒からの角度や，身長，気温などのように隣接した2つの値の間にまた値を取ることができる連続した値を考える場合に用いる**連続型確率変数**とがある．

次に，確率変数の値に対して確率がどのように分布しているかを考える．

まず，離散的確率変数について，小さい順に並んだ異なる値$x_1, x_2, \cdots$に対する確率が$p_1, p_2, \cdots$であったとする（表1・2・1参照，値が加算無限個ある例を挙げているが有限個でもよい）．すなわち，

表1・2・1　変数の値と確率

値	x_1	x_2	$\cdots$
確率	p_1	p_2	$\cdots$

$$P(X = x_i) = p_i$$

である．このとき，x_iに対して$P(X = x_i)$，それ以外の値に対しては0を対応させる関数

$$f(x) = \begin{cases} p_i & (x = x_i\text{のとき}) \\ 0 & (\text{それ以外のとき}) \end{cases}$$

を考えることができる．この関数を**確率密度関数**，または単に**確率密度**という．図1・2・6のように，各x_iにおいて幅1，高さp_iの棒を描くと，それぞれの確率は棒の面積と考えることもできる．この確率密度関数について，各x_iにおける$f(x_i)$の値は0以上であり，すべての確率を足し合わせると1でなければならないので，

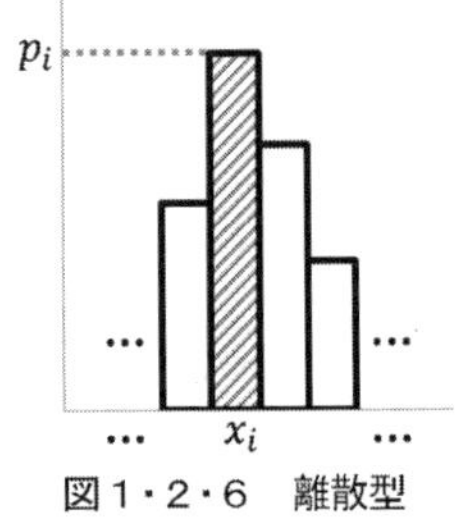

図1・2・6　離散型確率変数の確率

$$\sum_{i=1}^{\infty} f(x_i) = 1$$

が成り立つ．また，ある値x以下を取る確率$P(X \leq x)$を$F(x)$とすると，確率密度関数$f(x)$を用いて

$$F(x) = \sum_{x_i \leq x} f(x_i)$$

と表すことができる．この$F(x)$もxによって値が変わるので関数であり，**累積**

分布関数，または単に**分布関数**と呼ばれる．

確率密度関数や累積分布関数が与えられれば，確率がどのように分布しているかがわかる．このとき，確率変数は与えられた確率分布に従うという．離散型確率変数の場合の確率分布を離散型確率分布という．

次に，連続型確率変数について考える．離散型確率変数の場合の確率は棒グラフの面積で求めることができたが，連続型確率変数の場合も同様に，確率変数Xがaからbの範囲に入る確率$P(a < X \leq b)$は，ある関数$f(x)$とx軸，および$x = a$と$x = b$に囲まれる面積

$$P(a < X \leq b) = \int_a^b f(x)dx$$

として求めることができる（図1・2・7参照）．この$f(x)$が連続型確率変数の確率密度関数である．離散型確率変数の場合と同じく，$f(x)$の値は常に 0 以上であり，すべての確率を足し合わせると 1 であるので，

$$\int_{-\infty}^{\infty} f(x)dx = 1$$

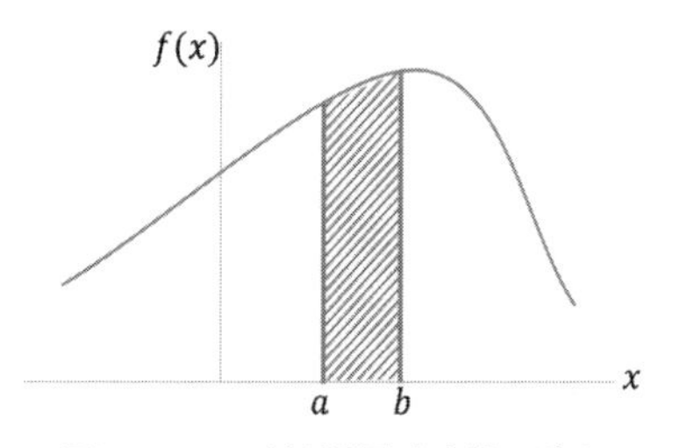

図1・2・7　連続型確率変数の確率

が成り立つ．さらに，積分の性質から，不等号に等号が付いているか否かによらず，$P(a < X \leq b)$，$P(a \leq X < b)$，$P(a \leq X \leq b)$，$P(a < X < b)$はすべて同じ値となる．また，ある値x以下を取る確率$P(X \leq x)$を$F(x)$とした累積分布関数は，確率密度関数$f(x)$を用いて

$$F(x) = \int_{-\infty}^{x} f(s)ds$$

と表すことができる．

これらの確率密度関数や累積分布関数が与えられた場合，確率変数は与えられた連続型確率分布に従うという．

確率変数と確率分布について，前節で説明した平均値（確率変数に関しては期待値ということもある），分散，標準偏差を考える．まず，離散型確率分布に従う確率変数Xについて，平均値$E[X]$は確率密度関数$f(x)$を用いて

$$E[X]=\sum_{i=1}^{\infty}x_i f(x_i)=\sum_{i=1}^{\infty}x_i p_i$$

により求めることができる．また，分散$V[X]$は

$$V[X]=\sum_{i=1}^{\infty}(x_i-E[X])^2 f(x_i)$$

により得られ，標準偏差$\sigma[\mathrm{X}]$は分散の正の平方根

$$\sigma[\mathrm{X}]=\sqrt{V[X]}$$

で求める．

同様に，連続型確率分布に従う確率変数Xについて，平均値$E[X]$，分散$V[X]$，標準偏差$\sigma[\mathrm{X}]$は，確率密度関数$f(x)$を用いて

$$E[X]=\int_{-\infty}^{\infty}xf(x)dx$$

$$V[X]=\int_{-\infty}^{\infty}(x-E[X])^2 f(x)dx$$

$$\sigma[\mathrm{X}]=\sqrt{V[X]}$$

により求められる．

次に，確率変数Xに対して，変数変換より得られるYを考える．Yの値yが，Xの値xと，ある変換φによって$y=\varphi(x)$と表されるとする．このとき，yの確率を$P(X=x)$と定めるとYも確率変数である．つまり，X，Yの確率密度関数をそれぞれ$f(x)$，$g(y)$とすると，離散型確率分布が与えられたとき，

$$f(x)=g(y)$$

が成り立つ．また，連続型確率分布が与えられたときは，

$$\int_a^b f(x)dx=\int_{\varphi(a)}^{\varphi(b)}g(y)dy$$

であり，

$$g(y) = f(x)\frac{dx}{dy}$$

が成り立つことが知られている．

Yの平均値と分散は，$\varphi(X)$を用いてそれぞれ$E[Y] = E[\varphi(X)]$，$V[Y] = V[\varphi(X)]$と表すことができる．この表し方を用いて，分散$V[X]$は$E[(x - E[X])^2]$と表すこともできる．

【例１・２・２】　確率変数Xの分散$V[X]$が，Xの平均値$E[X]$と確率変数X^2の平均値$E[X^2]$を用いて，

$$V[X] = E[X^2] - E[X]^2$$

と表されることを示せ．

[解] 確率変数Xが離散型であるとすると，

$$\begin{aligned}\sum_{i=1}^{\infty}(x_i - E[X])^2 f(x_i) &= \sum_{i=1}^{\infty} {x_i}^2 f(x_i) - 2\sum_{i=1}^{\infty} x_i E[X] f(x_i) + \sum_{i=1}^{\infty} E[X]^2 f(x_i) \\ &= E[X^2] - 2E[X]\sum_{i=1}^{\infty} x_i f(x_i) + E[X]^2 \sum_{i=1}^{\infty} f(x_i) \\ &= E[X^2] - 2E[X]^2 + E[X]^2\end{aligned}$$

より，

$$V[X] = E[X^2] - E[X]^2$$

を満たす．連続型の場合も，

$$\begin{aligned}\int_{-\infty}^{\infty}(x - E[X])^2 f(x)dx &= \int_{-\infty}^{\infty}(x^2 - 2xE[X] + E[X]^2)f(x)dx \\ &= \int_{-\infty}^{\infty} x^2 f(x)dx - 2x\int_{-\infty}^{\infty} E[X]f(x)dx + E[X]^2\int_{-\infty}^{\infty} f(x)dx \\ &= E[X^2] - 2E[X]^2 + E[X]^2\end{aligned}$$

より，

$$V[X] = E[X^2] - E[X]^2$$

を満たす.

【例１・２・３】　確率変数Yが離散型の確率変数Xの１次変換として$Y = aX + b$,（a, bは定数）で表されるとき，Yの平均値$E[Y]$は，確率変数Xの平均値$E[X]$を用いて，

$$E[Y] = aE[X] + b$$

と表されることを示せ.

[解] 各x_iが$y_i = ax_i + b$と１次変換されたとする．確率変数Yの確率密度関数を$g(y)$とすると，変換により確率に変化はないので$f(x_i) = g(y_i)$=p_iが成り立つ．したがって，

$$E[Y] = \sum_{i=1}^{\infty} y_i g(y_i) = \sum_{i=1}^{\infty} (ax_i + b)p_i$$
$$= a\sum_{i=1}^{\infty} x_i p_i + b\sum_{i=1}^{\infty} p_i$$

より，

$$E[Y] = aE[X] + b$$

を満たす.

[注意] 連続型の場合も$E[Y] = aE[X] + b$が成り立つことが知られている.

【問１・２・２】　確率変数Yが離散型の確率変数Xの１次変換として$Y = aX + b$,（a, bは定数）で表されるとき，変数Yの分散$V[Y]$は，確率変数Xの平均値$V[X]$を用いて，

$$E[Y] = a^2V[X]$$

と表されることを示せ.

[解] 例１・２・２より，

$$V[Y] = E[Y^2] - E[Y]^2$$

である．ここで，$Y^2 = (aX + b)^2 = a^2X^2 + 2abX + b^2$より，例１・２・３を応用して，

$$E[Y^2] = a^2E[X^2] + 2abE[X] + b^2$$
$$E[Y]^2 = (aE[X] + b)^2 = a^2E[X]^2 + 2abE[X] + b^2$$

であるので，

$$V[Y] = (a^2E[X^2] + 2abE[X] + b^2) - (a^2E[X]^2 + 2abE[X] + b^2)$$
$$= a^2(E[X^2] - E[X]^2)$$

より，

$$E[Y] = a^2V[X]$$

を満たす．

［注意］ 連続型の場合も$E[Y] = a^2V[X]$が成り立つことが知られている．

確率変数の平均値，分散に対して成り立つ関係式を紹介する．連続型の確率変数Xについて，平均値$E[X] = \bar{x}$，分散$V[X] = \sigma^2$とおく．このとき，

$$\sigma^2 = \int_{-\infty}^{\infty} (x - \bar{x})^2 f(x)dx$$

について，正の定数aを用いて右辺の積分区間を分割すると，

$$\int_{-\infty}^{\bar{x}-a\sigma} (x - \bar{x})^2 f(x)dx + \int_{\bar{x}-a\sigma}^{\bar{x}+a\sigma} (x - \bar{x})^2 f(x)dx + \int_{\bar{x}+a\sigma}^{\infty} (x - \bar{x})^2 f(x)dx$$

となる．

ここで，半開区間$(-\infty, \bar{x} - a\sigma]$の間の$x$に対しても，$[\bar{x} + a\sigma, \infty)$ の間のxに対しても

$$(x - \bar{x})^2 \geq a^2\sigma^2$$

であり，

$$\int_{\bar{x}-a\sigma}^{\bar{x}+a\sigma} (x - \bar{x})^2 f(x)dx \geq 0$$

であるから，

$$\sigma^2 \geq \int_{-\infty}^{\bar{x}-a\sigma} a^2\sigma^2 f(x)dx + \int_{\bar{x}+a\sigma}^{\infty} a^2\sigma^2 f(x)dx$$

が成り立つ．この式の右辺は

$$a^2\sigma^2 P(|X - \bar{x}| \geq a\sigma)$$

と等しいので，両辺を$a^2\sigma^2$で割ると，

$$P(|X-\bar{x}| \geq a\sigma) \leq \frac{1}{a^2}$$

が得られる．

この不等式はチェビシェフの不等式と呼ばれ，連続型の場合ばかりでなく離散型の確率変数についても同様に成り立つ．

チェビシェフの不等式は正の定数aを定めると，確率変数Xの平均値から$a\sigma$以上離れた部分（図１・２・８の斜線部）の確率は$\dfrac{1}{a^2}$で押さえることができることを表している．つまり，

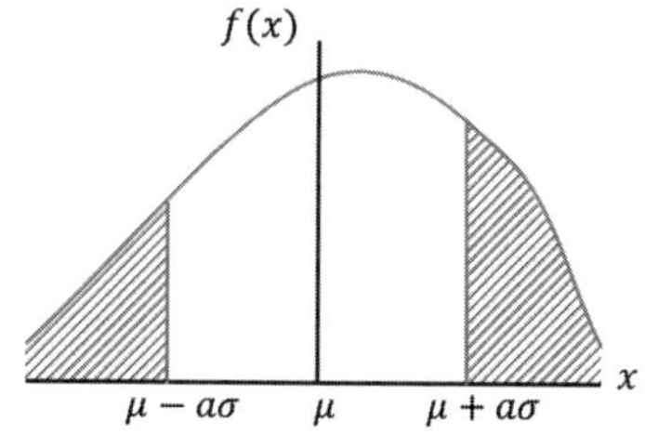

図１・２・８　チェビシェフの不等式

$$P(|X-\bar{x}| < a\sigma) > 1-\frac{1}{a^2}$$

となり，平均値から$\pm a\sigma$の範囲以内の確率は$1-\dfrac{1}{a^2}$より大きいといえるため，確率分布の推測をする際に役立てることができる．

［注意］チェビシェフの不等式を用いる際は，$a=1$の場合は右辺が 0 となってあまり意味がないので，通常は$a>1$として使用する．

【例１・２・４】　確率変数Xの平均値が 5，分散が 9 であるとき，$P(|X-5| \geq 6)$の値をチェビシェフの不等式を用いて評価せよ．

［解］$\bar{x}=5$，$\sigma=3$より，チェビシェフの不等式を適用すると，正の定数aを用いて

$$P(|X-5| \geq 3a) \leq \frac{1}{a^2}$$

が成り立つ．よって，$3a=6$のとき$a=2$より，

$$P(|X-5| \geq 6) \leq \frac{1}{2^2} = \frac{1}{4}$$

であり，$1-\dfrac{1}{4}=\dfrac{3}{4}$となるから，平均値から$\pm 2\sigma$以内の範囲の確率は$\dfrac{3}{4}$より大きいことがわかる．

【問１・２・３】　確率変数Xの平均値が 2，分散が 3 であるとき，$P(|X-2| <$

3)の値をチェビシェフの不等式により評価せよ．

［解］$\bar{x} = 2$，$\sigma = \sqrt{3}$より，チェビシェフの不等式を適用すると，正の定数aを用いて

$$P(|X-2| \geq \sqrt{3}a) \leq \frac{1}{a^2}$$

が成り立つ．よって，$\sqrt{3}a = 3$のとき$a = \sqrt{3}$より，

$$P(|X-2| \geq 3) \leq \frac{1}{\sqrt{3}^2} = \frac{1}{3}$$

であるので，

$$P(|X-2| < 3) = 1 - P(|X-2| \geq 3) > 1 - \frac{1}{3} = \frac{2}{3}$$

である．したがって，平均値から$\pm\sqrt{3}\sigma$の範囲の確率は$\frac{2}{3}$より大きいことがわかる．

1・2・3　離散型確率分布

離散型確率分布の例として，二項分布を紹介する．

離散型確率変数Xの確率密度関数が，組合せの記号Cを用いて

$$f(x) = {}_nC_x\, p^x (1-p)^{n-x} \quad ,(x = 0, 1, 2, \cdots, n)$$

で表されるとき，Xは**二項分布**$B(n,p)$に従うという．これは，1 回の試行で確率がpである事象Aが起こるか起こらないかのみという状況であり，毎回の試行が他の回の試行に影響を及ぼさないという状況（独立試行という）において，n回の試行で事象Aがx回起こる確率を表す分布である．

二項分布$B(n,p)$に従う確率分布Xの平均値と分散を考える．平均値$E[X]$は，第１・２・２項の離散型確率分布の平均値により

$$E[X] = \sum_{x=0}^{n} x f(x) = \sum_{x=0}^{n} x \cdot {}_nC_x\, p^x (1-p)^{n-x}$$

として求めることができる．ここで，$q = 1-p$とおき，二項定理を考えると

$$\sum_{x=0}^{n} {}_nC_x\, p^x q^{n-x} = (p+q)^n$$

より，両辺をpについて微分し，pをかけると

$$\sum_{x=0}^{n} x \cdot {}_nC_x\, p^x q^{n-x} = np(p+q)^{n-1}$$

であるので，$q = 1 - p$を代入すると

$$\sum_{x=0}^{n} x \cdot {}_nC_x\, p^x (1-p)^{n-x} = np(p+(1-p))^n = np$$

が成り立つ．したがって，

$$E[X] = np$$

である．

次に分散$V[X]$は，例１・２・２の分散の計算式により

$$V[X] = E[X^2] - E[X]^2 = \sum_{x=0}^{n} x^2 \cdot {}_nC_x\, p^x (1-p)^{n-x} - (np)^2$$

を計算することにより求めることができる．ここで，先に述べた二項定理の式の両辺をpについて２回微分しp^2をかけると

$$\sum_{x=0}^{n} x(x-1) \cdot {}_nC_x\, p^x q^{n-x} = n(n-1)p^2(p+q)^{n-2}$$

であるので，$q = 1 - p$を代入すると

$$\sum_{x=0}^{n} x(x-1) \cdot {}_nC_x\, p^x (1-p)^{n-x} = n(n-1)p^2$$

が成り立つ．したがって，

$$\sum_{x=0}^{n} x^2 \cdot {}_nC_x\, p^x (1-p)^{n-x} = n(n-1)p^2 + \sum_{x=0}^{n} x \cdot {}_nC_x\, p^x (1-p)^{n-x}$$

より，

$$E[X^2] = n(n-1)p^2 + np$$

であるので，

$$V[X] = n(n-1)p^2 + np - (np)^2 = np(1-p)$$

により求めることができる．

【例1・2・5】　目の出方が同様に確からしいサイコロを1回振るときの出る目を確率変数Xとするとき，平均値$E[X]$と分散$V[X]$を求めよ．

［解］確率変数Xは$1, 2, 3, 4, 5, 6$の値を取り，それぞれの値を取る確率は$\frac{1}{6}$であるので，

$$E[X] = \sum_{x=1}^{6} x \cdot \frac{1}{6} = \frac{21}{6}$$

$$V[X] = \sum_{x=1}^{6} x^2 \cdot \frac{1}{6} - \left(\frac{21}{6}\right)^2 = \frac{35}{12}$$

である．

［注意］ 例1・2・4のように，すべての変数xについての確率が等しい離散型確率分布を離散一様分布という．

【問1・2・4】　二項分布$B(100, 0.3)$に従う確率分布Xの平均値$E[X]$と分散$V[X]$を求めよ．

［解］二項分布$B(n, p)$に従う確率分布Xの平均値$E[X]$と分散$V[X]$は，$E[X] = np$, $V[X] = np(1-p)$により求めることができるので，

$$E[X] = 100 \times 0.3 = 30$$

$$V[X] = 100 \times 0.3 \times (1 - 0.3) = 21$$

となる．

1・2・4　連続型確率分布

連続型確率分布の例として，正規分布を紹介する．

連続型確率変数Xの確率密度が，定数μと正の定数σを用いて

$$f(x) = \frac{1}{\sqrt{2\pi}\,\sigma} e^{-\frac{(x-\mu)^2}{2\sigma^2}}$$

で表されるとき，Xは**正規分布**$N(\mu, \sigma^2)$に従うという．この正規分布は，実際に起こる様々な現象が従う確率分布として大変重要な分布である．図1・2・9は$\mu = 0$としてσ^2を1, 4, 9と変えたときの正規分布の確率密度$f(x)$のグラフである．正規分布については，第2章でも取り扱うのでここでは基本的な事項に

ついてのみ述べる．

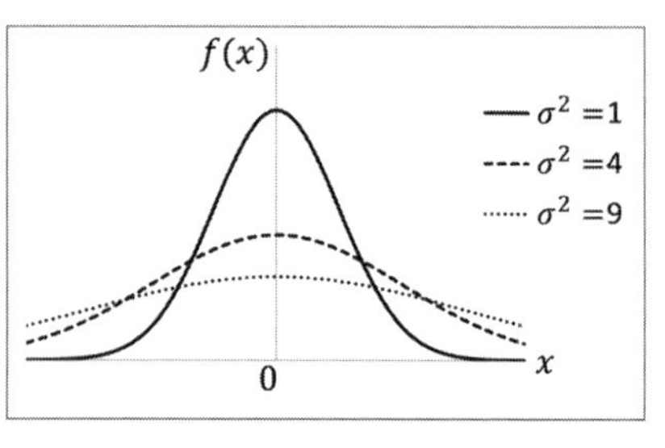

図１・２・９　$N(0,\sigma^2)$の正規分布

正規分布$N(\mu,\sigma^2)$に従う確率分布の確率変数Xの平均値$E[X]$と分散$V[X]$は，第１・２・２項の連続型確率分布の平均値と分散により

$$E[X]=\int_{-\infty}^{\infty}xf(x)dx=\mu$$

$$V[X]=E[X^2]-E[X]^2=\sigma^2$$

で求めることができる．すなわち，正規分布$N(\mu,\sigma^2)$に従う確率分布の平均値と分散はそれぞれμ，σ^2である．ここで，平均値が 0，分散が１になるような確率変数の１次変換を考える．正規分布$N(\mu,\sigma^2)$に従う確率変数Xを$Y=aX+b$と１次変換するとき，例１・２・３および問１・２・２より平均値$E[Y]$，分散$V[Y]$は

$$E[Y]=aE[X]+b=a\mu+b$$

$$V[Y]=a^2V[X]=a^2\sigma^2$$

である．したがって，$a=\dfrac{1}{\sigma},b=-a\mu=-\dfrac{\mu}{\sigma}$として，$Y=aX+b=\dfrac{X-\mu}{\sigma}$と１次変換すればよい．この変換を正規分布の**標準化**，得られた正規分布$N(0,1)$を**標準正規分布**といい，この分布に従う確率変数をZとすると，標準正規分布の確率密度関数は

$$g(z)=\frac{1}{\sqrt{2\pi}}e^{-\frac{z^2}{2}}$$

と表すことができる．

平均値や分散が異なるデータであっても，標準化を行うことにより各データがどれだけ平均からずれているかという度合いが統一されるため，データが同一の基準で規格化され，比較しやすくなるという利点がある．同様の例として，成績のデータを平均値が 50，標準偏差が 10 になるように変換を行い，比較しやすくした偏差値がある．偏差値の１次変換は次式で与えられる．

$$Y = 10 \times \frac{X - \mu}{\sigma} + 50$$

実際に，正規分布$N(\mu, \sigma^2)$に従う確率変数Xについて，確率$P(x_1 \leq X \leq x_2)$を求めるには，$z_1 = \dfrac{x_1 - \mu}{\sigma}, z_2 = \dfrac{x_2 - \mu}{\sigma}$の標準化を行って，巻末の標準正規分布$N(0, 1)$に従う確率変数$Z$についての確率の一覧表である正規分布表（巻末の付表参照）を用いて確率$P(z_1 \leq Z \leq z_2)$を求めればよい．

正規分布表を用いて確率を求める際に必要な標準正規分布の性質を示す．図1・2・9に示すように，正規分布は平均値を中心軸に左右対称な偶関数であり，標準正規分布の中心軸は$z = 0$となる．また，第1・2・1項に示した命題から，z_0を正の定数z_1，z_2を定数として次の関係が成り立つ．

（1）$P(Z \geq z_0) = P(Z \leq -z_0) = 1 - P(z < z_0)$

（2）$P(|Z| \geq z_0) = P(Z \geq z_0) + P(Z \leq -z_0) = 2P(Z \geq z_0)$

（3）$P(Z \leq 0) = P(Z \geq 0) = 0.5$

（4）$P(0 \leq Z \leq z_0) = P(Z \leq z_0) - P(Z < 0) = P(Z \leq z_0) - 0.5$

（5）$P(-z_0 \leq Z \leq 0) = P(0 \leq Z \leq z_0)$

（6）$P(z_1 \leq Z \leq z_2) = P(Z \leq z_2) - P(Z < z_1) = P(Z \leq z_2) - P(Z \leq z_1)$

【例1・2・6】　正規分布表を用いて確率$P(Z \leq 1)$を求めよ．

［解］ 求める確率は正規分布表を用いて

$$P(Z \leq 1) = 0.83134$$

である．

［注意］ 例1・2・6の答えの数値は，正規分布表における確率の値で，小数点以下6桁目が四捨五入してある．したがって，実際には近似値であるから，計算式は$P(Z \leq 1) \approx 0.83134$とすべきであるが，この章では同表の値を真値とみなし，等号を用いることにする．

【問1・2・5】　正規分布表を用いて次の確率を求めよ．

（1）$P(Z > -0.5)$　　（2）$P(0 < Z \leq 1)$　　（3）$P(-2 < Z \leq 1)$

［解］求める確率は，正規分布表を用いて

（１）$P(Z > -0.5) = P(Z \leq 0.5) = 0.69146$

（２）$P(0 < Z \leq 1) = P(Z \leq 1) - 0.5 = 0.84134 - 0.5 = 0.34134$

（３）$P(-2 < Z \leq 1) = P(Z \leq 1) - P(Z \leq -2) = P(Z \leq 1) - P(Z \geq 2)$

$= P(Z \leq 1) - \{1 - P(Z < 2)\} = P(Z \leq 1) + P(Z < 2) - 1$

$= 0.34134 + 0.47725 = 0.81859$

となる．

【問１・２・６】　正規分布$N(2,4)$に従う確率変数Xについて，確率$P(2 \leq X \leq 4)$を求めよ．

［解］$Z = \dfrac{X-2}{2}$と１次変換(標準化)すると

$$z_1 = \frac{2-2}{2} = 0\ ,\qquad z_2 = \frac{4-2}{2} = 1$$

であるから，求める確率は正規分布表を用いて

$$P(2 \leq X \leq 4) = P(0 \leq Z \leq 1)$$

$$= P(Z \leq 1) - 0.5$$

$$= 0.83134 - 0.5$$

$$= 0.33134$$

となる．

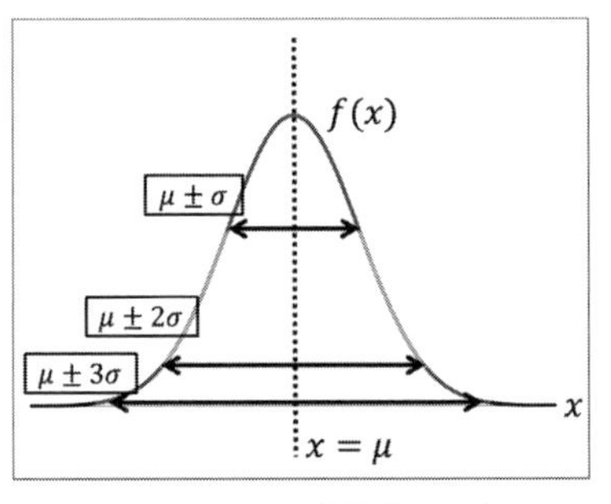

図１・２・10　正規分布$f(x)$と標準偏差 σの関係

上の問いでわかるように，平均値および分散がどのような値であっても，標準化により標準正規分布を用いて確率を求めることができる．

正規分布$N(\mu, \sigma^2)$に従う確率変数Xについて，第１・２・２項で述べたチェビシェフの不等式を用いた評価では，平均μから標準偏差のa倍（$a\sigma, a > 0$）の範囲の確率を見積もることができたが，正規分布表を用いると，より正確な推測が可能になる．例えば，$a = 1$の場合の$\mu \pm \sigma$の範囲の確率は，チェビシェフの不等式では０以上，同様に$a = 2$（$\mu \pm 2\sigma$の範囲）で0.75以上，$a = 3$（$\mu \pm 3\sigma$

の範囲）で約 0.889 以上であったが，正規分布表からは，$\mu \pm \sigma$の範囲は約 0.683，$\mu \pm 2\sigma$では約 0.954，$\mu \pm 3\sigma$の範囲は約 0.997 の確率が得られる．これらの数値から，確率変数が正規分布に従う場合は，標準偏差の値を用いて確率変数Xの取る確率をかなりの程度推測できることがわかる．図１・２・１０に正規分布と標準偏差の関係を示す．ただし，チェビシェフの不等式による推測は，確率変数の従う分布によらずに適用可能であるため，その意味で価値がある．

【例１・２・7】　確率密度が

$$f(x) = \begin{cases} \frac{1}{5} & (0 \leq x \leq 5\text{ のとき}) \\ 0 & (\text{それ以外のとき}) \end{cases}$$

である連続確率変数Xの平均値$E[X]$と分散$V[X]$を求めよ．

［**解**］第１・２・２項で述べた連続型確率分布の平均値と分散の計算式より

$$E[X] = \int_{-\infty}^{\infty} xf(x)dx = \int_0^5 \frac{1}{5}xdx = \frac{5}{2}$$

$$V[X] = E[X^2] - E[X]^2 = \int_0^5 \frac{1}{5}x^2dx - \left(\frac{5}{2}\right)^2 = \frac{25}{12}$$

となる．

［**注意**］例１・２・４のように確率密度が$a < b$である定数a, bについて

$$f(x) = \begin{cases} \frac{1}{b-a} & (a \leq x \leq b\text{のとき}) \\ 0 & (\text{それ以外のとき}) \end{cases}$$

である連続確率変数の確率分布を（連続）一様分布という．

この節の最後に，正規分布に従う 2 つの確率変数X, Yから新しい確率変数を作る場合について簡単に述べる．

まず，2 つの連続型確率変数X, Yについて，それらの確率密度関数がそれぞれ$f(x)$，$g(y)$であるとする．また，確率変数Xが$x_1 \leq X \leq x_2$，確率変数Yが

$y_1 \le Y \le y_2$ を同時に取る確率を$P(x_1 \le X \le x_2, y_1 \le Y \le y_2)$と表す．このとき，

$$P(x_1 \le X \le x_2, y_1 \le Y \le y_2) = \int_{y_1}^{y_2} \int_{x_1}^{x_2} h(x, y) dxdy$$

を満たす$h(x, y)$が存在すれば，この$h(x, y)$を確率密度とする連続型確率変数を(X, Y)と表す．さらに，$h(x, y) = f(x) \cdot g(y)$が成り立つとき，$X$と$Y$は独立であるという．

次に，2 つの連続型確率変数X, Yが，それぞれ$N(\mu_1, \sigma_1^2)$と$N(\mu_2, \sigma_2^2)$の正規分布に従うとき，XとYの線形結合で得られる新しい確率変数$(aX \pm bY)$を作る．このとき，X, Yが独立であれば確率変数$(aX \pm bY)$は正規分布$N(a\mu_1 \pm b\mu_2, a^2\sigma_1^2 + b^2\sigma_2^2)$に従うことが知られている．このことは，複数の正規分布に従う確率変数を扱う際に重要な事実である．

第2章　統　　計

2・1　統計の基礎

2・1・1　統計調査

国民全員が対象となる国勢調査や，ある学校の学生全員の身体測定のように，調査対象全体を調査することを**全数調査**という．一方で，テレビの視聴率やある工場で作られる電球の寿命時間のように何らかの要因で調査対象全体を調査することが不可能，または，困難である場合，調査対象から一部分を抜き出して調査することを**標本調査**という．また，調査対象の平均や分散などを調査することを**統計調査**という．全数調査では調査対象のすべてを調査するため，平均や分散は前章で述べた方法で計算することにより求めることができる．しかし，標本調査では，調査対象の一部の情報から調査対象全体の情報を推測しなければならない．この章では，統計調査に関する用語，統計量についての定義，正規分布に関して成り立つ事実をいくつか述べ，そのあとに，推定と検定について述べる．

2・1・2　母集団と標本

まず，統計調査に関する用語の定義を述べる．

母集団：調査対象全体

母集団の大きさ：母集団に含まれる調査対象の個数

抽出：母集団からいくつかの調査対象を抜き出すこと

標本：母集団から抽出された調査対象からなる集合

標本の大きさ：標本に含まれる調査対象の個数

母集団や標本に含まれる調査対象のことを**要素**という．母集団の大きさについて，ある学校の身体測定の調査対象がその学校の学生全員の身長や体重の場合のように母集団の大きさが有限であるとき，その母集団を**有限母集団**といい，ある工場で作られる電球の寿命時間の調査対象が，過去に作られた電球と未来に作られる電球の寿命時間の場合のように母集団の大きさが無限であるとき，その母集団を**無限母集団**という．図2・1・1は，(有限) 母集団と標本のイメージ図である．

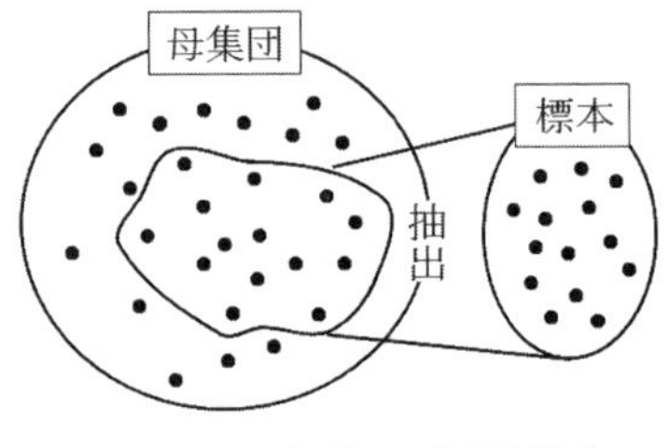

図2・1・1　(有限) 母集団と標本のイメージ図

母集団から大きさnの標本を抽出する方法として，抽出した要素を元に戻して新しい要素を抽出することをn回行う**復元抽出**と，元に戻さずにn個の要素を抽出する**非復元抽出**がある．また，母集団の特徴と標本の特徴が同様のものになるように抽出する方法が望ましいが，標本が母集団から等しい確率で抽出されるような方法を**無作為抽出法**といい，無作為抽出によって抽出された標本を**無作為標本**という．無作為抽出法の具体的な方法としては，0から9までの整数が等しい確率で現れる**乱数**を用いる方法などがある．乱数を得る方法としては，種々の方法があるが，統計ソフトR（第3章参照）によって**疑似乱数**という乱数に近い数を発生させることができる．

2・1・3　標本分布

母集団に属する要素についての変量Xが確率変数であるとき，その確率分布を**母集団分布**という．また，母集団分布が第1・3節で述べた確率分布のいずれかであることがわかっていれば，母集団の前にその分布名を付け加える．例えば，母集団分布が正規分布であるとき，**正規母集団**という．さらに，母集団の平均，分散，標準偏差をそれぞれ**母平均**，**母分散**，**母標準偏差**という．また，母集団の中のある条件を満たす要素の割合を**母比率**という．これらの母集団に関する特性値を**母数**という．

【例2・1・1】　不良品が10個含まれている電球1000個を母集団として，不良品の電球を$x_1 = 1$，正常な電球を$x_2 = 0$で表すときの確率変数Xについて，母平均μ，母分散σ^2，また，母集団の中の不良品という条件を満たす母比率pを求めよ．

［解］不良品の電球である確率，正常な電球である確率をそれぞれp_{x1}，p_{x2}とすると，

$$p_{x1} = \frac{10}{1000} = 0.01\,, p_{x2} = 1 - 0.01 = 0.99$$

であるので，母平均μは，

$$\mu = 1 \times 0.01 + 0 \times 0.99 = 0.01$$

であり，母分散σ^2は，

$$\sigma^2 = (1 - 0.01)^2 \times 0.01 + (0 - 0.01)^2 \times 0.99 = 0.009801 + 0.000099 = 0.0099$$

となる．また，求める母比率pは，

$$p = p_{x1} = \frac{10}{1000} = 0.01$$

となる．

例2・1・1のように全数調査が可能であり母集団分布がわかっている場合，母数を求めることが可能であるが，標本調査しかできない場合，標本の情報から母集団の情報を考える必要がある．

母集団から大きさ1の標本Xを無作為抽出法により抽出するとき，Xは母集団に属する要素であるから，それ自体が母集団分布に従う確率変数である．母集団から大きさnの標本を無作為抽出法により復元抽出することは，母集団から大きさ1の標本$\left(X_1, X_2, \cdots, X_n\text{のうちの1つ}\right)$を無作為抽出法により抽出することであるから，各標本$X_i, (i = 1,2,\cdots,n)$を変量と考えると，それらは互いに独立な確率変数であり，母集団分布に従う（母集団の大きさが十分大きいときは非復元抽出でも母集団分布に従うとしてよい）．この確率変数$X_i, (i = 1,2,\cdots,n)$の平均

$$\bar{X} = \frac{1}{n}\sum_{i=1}^{n} X_i$$

を**標本平均**といい，確率変数 X_i，$(i = 1,2,\cdots,n)$ の分散

$$S^2 = \frac{1}{n}\sum_{i=1}^{n}(X_i - \bar{X})^2$$

を**標本分散**という．また，

$$U^2 = \frac{n}{n-1}S^2$$

を**不偏分散**という．標本平均，標本分散，不偏分散などは，標本の抽出を行うたびに値が得られる変量であり，これらを**統計量**という．統計量は，確率変数 X_i，$(i = 1,2,\cdots,n)$ から作られる確率変数であり，その確率分布を**標本分布**という．

標本平均 $\bar{X}$ の平均，分散について，母平均を μ，母分散を σ^2 とするとき，第１・２節で用いた記号により表すと次の関係がある．

（1）$E[\bar{X}] = \mu$ 　　　（2）$V[\bar{X}] = \dfrac{\sigma^2}{n}$

【問２・１・１】 標本平均の平均 $E[\bar{X}] = \mu$ を導け．

[解] 各標本 $X_i, (i = 1,2,\cdots,n)$ は母集団分布に従うので，母平均を μ とすると，$E[X_i] = \mu$ であるから，標本平均 $\bar{X}$ の平均 $E[\bar{X}]$ は次のようになる．

$$E[\bar{X}] = E\left[\frac{1}{n}\sum_{i=1}^{n} X_i\right] = \frac{1}{n}\sum_{i=1}^{n} E[X_i] = \frac{1}{n}\sum_{i=1}^{n}\mu = \frac{1}{n}\times n\mu = \mu$$

【問２・１・２】 標本平均の分散 $V[\bar{X}] = \dfrac{\sigma^2}{n}$ を導け．

[解] 各標本 $X_i, (i = 1,2,\cdots,n)$ は母集団分布に従うので，母分散を σ^2 とすると，$V[X_i] = \sigma^2$ であるから，標本平均 $\bar{X}$ の分散 $V[\bar{X}]$ は，

$$V[\bar{X}] = V\left[\frac{1}{n}\sum_{i=1}^{n} X_i\right] = \frac{1}{n^2}\sum_{i=1}^{n} V[X_i] = \frac{1}{n^2}\sum_{i=1}^{n}\sigma^2 = \frac{1}{n^2}\times n\sigma^2 = \frac{\sigma^2}{n}$$

となる．

問2・1・2について，標本の大きさ n が大きくなれば，標本平均の分散は分母が大きくなるので 0 に近づく．したがって，以下の**大数の法則**が成り立つ．

大数の法則：母集団から抽出した標本の大きさ n が大きければ大きいほど，標本平均 $\bar{X}$ は母平均の近くに分布する．

同様に，標本分散 S^2，不偏分散 U^2 の平均について，母平均を μ，母分散を σ^2 とするとき，次の関係がある．

（1）$E[S^2]=\dfrac{n-1}{n}\sigma^2$　　　（2）$E[U^2]=\sigma^2$

【問2・1・3】　標本分散の平均 $E[S^2]=\dfrac{n-1}{n}\sigma^2$ を導け．

［解］標本分散 S^2 は

$$S^2=\frac{1}{n}\sum_{i=1}^{n}(X_i-\bar{X})^2=\frac{1}{n}\sum_{i=1}^{n}{X_i}^2-\bar{X}^2$$

であり，確率変数 X について，$V[X]=E[X^2]-E[X]^2$ から，

$$E\left[{X_i}^2\right]=V[X_i]+E[X_i]^2=\sigma^2+\mu^2$$

$$E[\bar{X}^2]=V[\bar{X}]+E[\bar{X}]^2=\frac{\sigma^2}{n}+\mu^2$$

が成り立つので，平均 $E[S^2]$ は，

$$E[S^2]=E\left[\frac{1}{n}\sum_{i=1}^{n}{X_i}^2-\bar{X}^2\right]=\frac{1}{n}\sum_{i=1}^{n}E\left[{X_i}^2\right]-E[\bar{X}^2]=\frac{n-1}{n}\sigma^2$$

である．

【問2・1・4】　不偏分散の平均 $E[U^2]=\sigma^2$ を導け．

［解］不偏分散 U^2 は，

$$U^2=\frac{n}{n-1}S^2$$

であるので，その平均 $E[U^2]$ は，

$$E[U^2]=E\left[\frac{n}{n-1}S^2\right]=\frac{n}{n-1}E[S^2]=\sigma^2$$

である．

【問2・1・5】　正規母集団$N(20,100)$から大きさ50の標本を無作為抽出法により復元抽出した．このとき，標本平均$\bar{X}$の平均と分散，不偏分散U^2の平均を求めよ．

[略解] 母平均，母分散はそれぞれ$\mu = 20$，$\sigma^2 = 100$であり，問2・1・1，問2・1・2，問2・1・4より，

$$E[\bar{X}] = 20,\quad V[\bar{X}] = \frac{100}{50} = 2,\quad E[U^2] = 100$$

2・1・4　正規分布と中心極限定理

第1・2・4項で述べた通り，2つの確率変数X, Yが独立で，それぞれ，$N(\mu_1, \sigma_1^2)$と$N(\mu_2, \sigma_2^2)$の正規分布に従うとき，$(aX \pm bY)$は正規分布$N(a\mu_1 \pm b\mu_2,\ a^2\sigma_1^2 + b^2\sigma_2^2)$に従うことが知られているが，3つ以上の確率変数についてもこの事実を繰り返し適用することにより，同様のことが成り立つ．つまり，n個の確率変数$X_1, X_2, \cdots, X_n$が独立で，それぞれ$N(\mu_i, \sigma_i^2), (i = 1,2, \cdots, n)$の正規分布に従うとき，$\displaystyle\sum_{i=1}^{n} a_i X_i$は正規分布$N\left(\displaystyle\sum_{i=1}^{n} a_i\mu_i, \sum_{i=1}^{n} {a_i}^2\sigma_i^2\right)$に従う．したがって，$\bar{X} = \dfrac{1}{n}\displaystyle\sum_{i=1}^{n} X_i$より以下が成り立つ．

正規母集団の標本平均： 母集団が，正規分布$N(\mu, \sigma^2)$に従う正規母集団の無作為抽出法により抽出された，大きさnの標本の標本平均$\bar{X}$は，正規分布$N\left(\mu, \dfrac{\sigma^2}{n}\right)$に従う．

また，正規母集団以外の母集団の標本平均$\bar{X}$の確率分布に関して，次の**中心極限定理**が成り立つことが知られている．

中心極限定理： 確率変数$X_1, X_2, \cdots, X_n$が互いに独立で，平均μと分散σ^2をもつ同一の確率分布に従うとする．nが大きいとき，$X_1, X_2, \cdots, X_n$の標本平均$\bar{X}$の確率分布は，近似的に正規分布$N\left(\mu, \dfrac{\sigma^2}{n}\right)$に従う．

この中心極限定理より，平均μと分散σ^2をもつ確率分布に従う母集団から大きさnの標本$X_1, X_2, \cdots, X_n$を抽出するとき，各標本$X_i, (i=1,2,\cdots,n)$は平均μと分散σ^2をもつ確率分布に従うので，nが大きければ標本平均$\bar{X}$の確率分布は，近似的に正規分布$N\left(\mu, \dfrac{\sigma^2}{n}\right)$に従う．$n$としては50以上であれば十分大きいとしてよい．

【例2・1・2】　平均μと分散σ^2をもつ確率分布に従う母集団から大きさnの標本$X_1, X_2, \cdots, X_n$を抽出するとき，標本平均を$\bar{X}$とし，

$$Z = \frac{\sqrt{n}(\bar{X}-\mu)}{\sigma}$$

とおけば，nが大きい場合，確率変数Zは標準正規分布$N(0,1)$に近似的に従うことを示せ．

［解］中心極限定理から，nが大きいとき標本平均$\bar{X}$の確率分布は，近似的に正規分布$N\left(\mu, \dfrac{\sigma^2}{n}\right)$に従うので，$E[\bar{X}]=\mu, V[\bar{X}]=\dfrac{\sigma^2}{n}$より，正規分布から標準正規分布への変換（第1・2・4項）を用いると，Zは標準正規分布$N(0,1)$に近似的に従う．

第1・2・3項で述べた二項分布に従う母集団を二項母集団という．二項母集団から1つの標本を抽出したとき，$X=1$である確率がpであり，$X=0$である確率がqであるとする．ただし，$p+q=1$である．つまり，母集団の中の1つの標本が$X=1$である母比率がpであるので，この二項母集団を**母比率pの二項母集団**という．母比率pの二項母集団から大きさnの標本$X_1, X_2, \cdots, X_n$を復元抽出するとき，標本平均$\bar{X}$のことを**標本比率**といい，$\hat{P}$で表す．このとき，各標本$X_i, (i=1,2,\cdots,n)$は二項分布$B(1,p)$に従うので，$E[X_i]=p$，$V[X_i]=pq$である．また，これらの和$X_1+X_2+\cdots+X_n$は$B(n,p)$に従う．よって，これと第2・1・3項で述べた関係式

$$E[\bar{X}]=\mu, V[\bar{X}]=\frac{\sigma^2}{n}$$

より，標本比率$\hat{P}$について，

$$E[\hat{P}] = p, \quad V[\hat{P}] = \frac{pq}{n}$$

が成り立つ．さらに中心極限定理より，nが大きいとき標本比率$\hat{P}$の確率分布は，近似的に正規分布$N\left(p, \frac{pq}{n}\right)$に従う．

【例2・1・3】 母比率pの二項母集団から大きさnの標本$X_1, X_2, \cdots, X_n$を抽出するとき，標本比率を$\hat{P}$とし，

$$Z = \frac{\sqrt{n}(\hat{P} - p)}{\sqrt{pq}}$$

とおけば，nが大きいとき確率変数Zは標準正規分布$N(0,1)$に近似的に従うことを示せ.

[略解] 例2・1・2と，標本比率$\hat{P}$は母比率pの二項母集団の標本平均であることより，成り立つ.

2・1・5　χ^2分布，t分布，F分布

第2・1・4項において，正規母集団から抽出した標本についての標本平均は正規分布に従うことを述べた．ここでは，推定，検定を行う上で，扱う統計量が従う分布として正規分布以外の重要な分布を取り上げる．以下に述べる分布について，正規分布と同様にそれぞれの分布表が巻末に用意されている.

（1）χ^2分布

連続型確率変数χ^2の確率密度が，ガンマ（Γ）関数と呼ばれる関数により

$$f(x) = \begin{cases} \dfrac{1}{2^{\frac{n}{2}}\Gamma\left(\frac{n}{2}\right)} x^{\frac{n}{2}-1} e^{-\frac{x}{2}} & (x > 0) \\ 0 & (x \leq 0) \end{cases}$$

で表されるとき，χ^2は**自由度nのχ^2分布**に従うという．自由度とは，簡単にいえば，文字通り自由に選ぶことのできる変数や値の個数のことである．詳細

は他書[4)]に譲るが，2通りの説明を挙げると，次の通りである．例えばn個のデータとそれらの平均値が与えられているとする．このときは，$n-1$個のデータの値と平均値とから残り1個のデータの値は求めることができるので，自由度は$n-1$となる．また，別の説明では，n個のデータがあったとき，そのうちから$n-1$個は自由に選ぶことができるが，残りの1個は自動的に決まってしまうから，自由度は$n-1$である．

図２・１・２は自由度n を 1, 2, 3, 4, 5 と変えたときのχ^2分布の確率密度$f(x)$のグラフである．

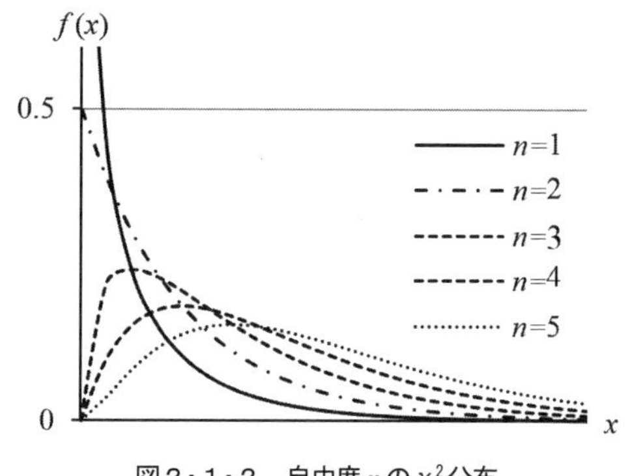

図２・１・２　自由度nのχ^2分布

【例２・１・４】　χ^2分布表を用いて，自由度が3のときの確率$P(\chi^2 \geq x_0) = 0.100$となる$x_0$を求めよ．

［解］求める確率はχ^2分布表の自由度3の行を用いて

$$P(\chi^2 \geq 6.2514) = 0.100$$

から，$x_0 = 6.2514$である．

【問２・１・６】　χ^2分布表を用いて次の値を求めよ．

（１）$n = 5$のとき，$P(\chi^2 \geq x_0) = 0.950$となる$x_0$

（２）$n = 10$のとき，$P(\chi^2 < x_0) = 0.100$となるx_0

［解］（１）求める確率はχ^2分布表の自由度5の行を用いて

$$P(\chi^2 \geq 1.1455) = 0.950$$

から，$x_0 = 1.1455$である．

（２）$P(\chi^2 < x_0) = 1 - P(\chi^2 \geq x_0) = 0.100$より，$P(\chi^2 \geq x_0) = 1 - 0.100 = 0.900$を満たすので，求める確率は$\chi^2$分布表の自由度10の行を用いて

$$P(\chi^2 \geq 4.8652) = 0.900$$

から，$x_0 = 4.8652$である．

標準正規分布$N(0,1)$に従うn個の互いに独立な確率変数$X_1, X_2, \cdots, X_n$があるとき，確率変数

$$\chi^2 = {X_1}^2 + {X_2}^2 + \cdots + {X_n}^2$$

は自由度nのχ^2分布に従うことが知られている．ここで，統計量とχ^2分布に関して成り立つ例を紹介する．

【例２・１・５】　正規分布$N(\mu, \sigma^2)$に従うn個の互いに独立な確率変数$X_1, X_2, \cdots, X_n$があるとき，確率変数

$$\chi^2 = \sum_{i=1}^{n} \left(\frac{X_i - \mu}{\sigma} \right)^2$$

は自由度nのχ^2分布に従うことを示せ．

［解］各X_iについて，$\dfrac{X_i - \mu}{\sigma}$は標準正規分布$N(0,1)$に従うことより，$\chi^2$は自由度$n$の$\chi^2$分布に従う．

【例２・１・６】　正規分布$N(\mu, \sigma^2)$に従う正規母集団から大きさnの標本$X_1, X_2, \cdots, X_n$を抽出するとき，標本平均を$\bar{X}$とし，

$$\chi^2 = \sum_{i=1}^{n} \left(\frac{X_i - \bar{X}}{\sigma} \right)^2$$

とおけば，χ^2は自由度$n-1$のχ^2分布に従うことを示せ．

［解］$X_1, X_2, \cdots, X_n$について，

$$\sum_{i=1}^{n} \left(\frac{X_i - \bar{X}}{\sigma} \right)^2 = \sum_{i=1}^{n} \left(\frac{(X_i - \mu) - (\bar{X} - \mu)}{\sigma} \right)^2 = \sum_{i=1}^{n} \left(\frac{X_i - \mu}{\sigma} \right)^2 - \left(\frac{\sqrt{n}(\bar{X} - \mu)}{\sigma} \right)^2$$

より，$Z_i = \dfrac{X_i - \mu}{\sigma}, (i = 1,2,\cdots,n), \bar{Z} = \dfrac{\sqrt{n}(\bar{X} - \mu)}{\sigma}$とおくと，$n$個の各$Z_i$と$\bar{Z}$は標準

標準正規分布$N(0,1)$に従い，

$$\chi^2 = \sum_{i=1}^{n} {Z_i}^2 - \bar{Z}^2$$

と表すことができる．ここで，$\bar{X}=\dfrac{1}{n}\sum_{i=1}^{n}X_i$より，$Z_i,(i=1,2,\cdots,n)$を$\bar{Z}=Z'_1$となるような確率変数$Z'_i,(i=1,2,\cdots,n)$に変換することができるので，$\chi^2={Z'_2}^2+{Z'_3}^2+\cdots+{Z'_n}^2$より，$\chi^2$は自由度$n-1$の$\chi^2$分布に従う．

［注意］　例２・１・６について，χ^2は標本分散S^2，不偏分散U^2を用いて

$$\chi^2=\frac{n}{\sigma^2}S^2=\frac{n-1}{\sigma^2}U^2$$

と表すこともできる．

次に，χ^2分布と関連する２つの確率分布について述べる．

（２）t分布

連続型確率変数Tの確率密度が，ガンマ（Γ）関数により

$$f(t)=\frac{\Gamma\left(\frac{n+1}{2}\right)}{\sqrt{\pi n}\,\Gamma\left(\frac{n}{2}\right)}\left(1+\frac{t^2}{n}\right)^{-\frac{n+1}{2}}$$

で表されるとき，Tは**自由度nのt分布**に従うという．図２・１・３は自由度nを1, 3, 5と変えたときのt分布の確率密度$f(t)$のグラフである．自由度nのt分布は，正規分布と同様に$t=0$を中心軸に左右対称な偶関数であることから，次の関係が成り立つ．

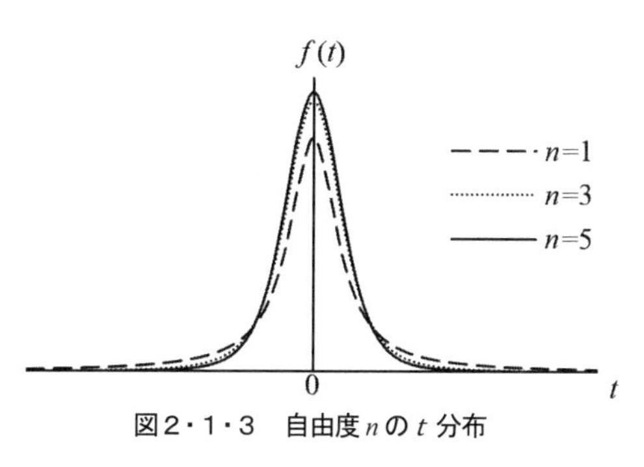

図２・１・３　自由度nのt分布

（１）$P(T\geq t)=P(T\leq -t)$

（２）$P(|T|\geq t)=P(T\geq t)+P(T\leq -t)=2P(T\geq t)$

【例２・１・７】　t分布表を用いて，自由度が３のときの確率$P(T\geq t_0)=0.1000$となるt_0を求めよ．

［解］ 求める確率はt分布表の自由度３の行を用いて

$$P(T \geq 1.6377) = 0.1000$$

から，$t_0 = 1.6377$である．

【問２・１・７】　t 分布表を用いて次の値を求めよ．

（１）$n = 5$のとき，$P(T \leq t_0) = 0.0500$となるx_0

（２）$n = 10$のとき，$P(|T| \geq t_0) = 0.2500$となるx_0

［解］（１）$P(T \geq t_0) = P(T \leq -t_0)$より，求める確率は$t$ 分布表の自由度５の行を用いて

$$P(T \geq 2.0150) = P(T \leq -2.0150) = 0.0500$$

から，$t_0 = -2.0150$である．

（２）$P(|T| \geq t_0) = 2P(T \geq t_0) = 0.2500$より，$P(T \geq t_0) = 0.1250$を満たすので，求める確率は$t$ 分布表の自由度 10 の行を用いて

$$P(T \geq 1.2213) = 0.1250$$

から，$t_0 = 1.2213$である．

また，標準正規分布$N(0,1)$に従う確率変数Zと自由度nのχ^2分布に従う確率変数χ^2が互いに独立であるとき，確率変数

$$T = \frac{Z}{\sqrt{\frac{\chi^2}{n}}}$$

は自由度nのt分布に従うことが知られている．

【例２・１・８】　正規分布$N(\mu, \sigma^2)$に従う正規母集団から大きさnの標本$X_1, X_2, \cdots, X_n$を抽出するとき，標本平均を$\bar{X}$，不偏分散をU^2とし，

$$T = \frac{\sqrt{n}(\bar{X} - \mu)}{\sqrt{U^2}}$$

とおけば，Tは自由度$n-1$のt分布に従うことを示せ．

［略解］母集団が正規分布$N(\mu, \sigma^2)$に従う正規母集団の標本平均$\bar{X}$は，正規分布$N\left(\mu, \frac{\sigma^2}{n}\right)$に従うので，

$$Z = \frac{\sqrt{n}(\bar{X} - \mu)}{\sigma}$$

とおくと，Z は標準正規分布 $N(0,1)$ に従う．また，例２・１・６より，

$$\chi^2 = \sum_{i=1}^{n} \left(\frac{X_i - \bar{X}}{\sigma} \right)^2 = \frac{n-1}{\sigma^2} U^2$$

は自由度 $n-1$ の χ^2 分布に従う．したがって，Z と X は互いに独立であるので，

$$T = \frac{Z}{\sqrt{\frac{\chi^2}{n-1}}} = \frac{\frac{\sqrt{n}(\bar{X}-\mu)}{\sigma}}{\sqrt{\frac{\frac{n-1}{\sigma^2}U^2}{n-1}}} = \frac{\sqrt{n}(\bar{X}-\mu)}{\sqrt{U^2}}$$

は自由度 $n-1$ の t 分布に従う．

（３）F 分布

連続型確率変数 F の確率密度が，ガンマ（Γ）関数により

$$f(x) = \begin{cases} \dfrac{\Gamma\left(\dfrac{n_1+n_2}{2}\right)}{\Gamma\left(\dfrac{n_1}{2}\right)\Gamma\left(\dfrac{n_2}{2}\right)} \left(\dfrac{n_1}{n_2}\right)^{\frac{n_1}{2}} x^{\frac{n_1-2}{2}} \left(1 + \dfrac{n_1}{n_2}x\right)^{-\frac{n_1+n_2}{2}} & (x > 0) \\ 0 & (x \leq 0) \end{cases}$$

で表されるとき，F は**自由度 (n_1, n_2) の F 分布**に従うという．図２・１・４は自由度 (n_1, n_2) を $(2,3)$，$(3,4)$，$(4,5)$ と変えたときの F 分布の確率密度 $f(x)$ のグラフである．

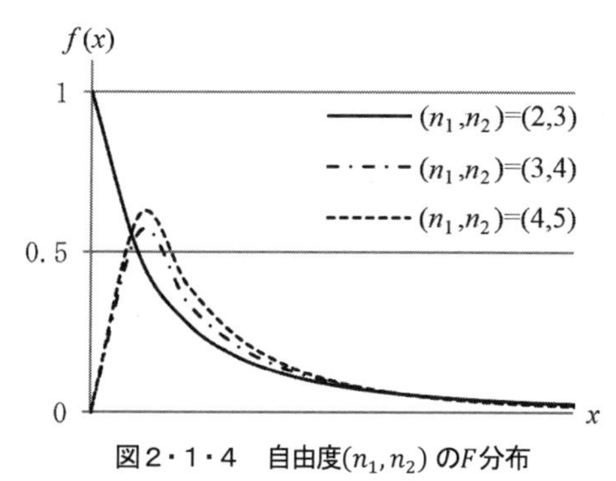

図２・１・４　自由度 (n_1, n_2) の F 分布

【例２・１・９】　F 分布表を用いて，自由度が $(15,10)$ のときに確率 $P(F \geq$

$x_0) = 0.005$となるx_0を求めよ．

［解］求める確率は，F 分布表$(\alpha = 0.005)$の自由度$(15,10)$の部分を参照して

$$P(F \geq 5.4707) = 0.005$$

から，$x_0 = 5.4707$である．

【問２・１・６】　F 分布表を用いて次の値を求めよ．

（１）$(n_1, n_2) = (20, 30)$のとき，$P(F \geq x_0) = 0.025$となるx_0

（２）$(n_1, n_2) = (20,15)$のとき，$P(F < x_0) = 0.025$となるx_0

［解］（１）求める確率は，F 分布表$(\alpha = 0.025)$の自由度$(20,30)$の部分を参照して

$$P(F \geq 2.1952) = 0.025$$

から，$x_0 = 2.1952$である．

（２）$P(F < x_0) = 1 - P(F \geq x_0) = 0.025$より，$P(F \geq x_0) = 1 - 0.025 = 0.975$を満たすので，求める確率は$F$ 分布表$(\alpha = 0.975)$の自由度$(20,15)$の部分を参照して

$$P(F \geq 0.3886) = 0.975$$

から，$x_0 = 0.3886$である．

自由度n_1のχ^2分布に従う確率変数χ_1^2と自由度n_2のχ^2分布に従う確率変数χ_2^2が互いに独立であるとき，確率変数

$$F = \frac{\frac{\chi_1^2}{n_1}}{\frac{\chi_2^2}{n_2}}$$

は自由度(n_1, n_2)のF 分布に従うことが知られている．

【例２・１・１０】　分散が等しい正規分布$N(\mu_1, \sigma^2)$，$N(\mu_2, \sigma^2)$に従う２つの正規母集団からそれぞれ大きさn，mの標本を抽出するとき，不偏分散をそれぞれ${U_1}^2$，${U_2}^2$とし，

$$F = \frac{{U_2}^2}{{U_1}^2}$$

とおけば，F は自由度$(m-1, n-1)$のF 分布に従うことを示せ．

[略解] 例2・1・6から，正規分布$N(\mu_1,\sigma^2)$，$N(\mu_2,\sigma^2)$に従う2つの正規母集団からそれぞれ大きさn，mの標本を抽出するとき，

$$Z_1=\frac{n-1}{\sigma^2}{U_1}^2,\qquad Z_2=\frac{m-1}{\sigma^2}{U_2}^2$$

とおくとZ_1は自由度$n-1$のχ^2分布に，Z_2は自由度$m-1$のχ^2分布に従う．したがって，Z_1とZ_2は互いに独立であるので，

$$F=\frac{\dfrac{Z_2}{m-1}}{\dfrac{Z_1}{n-1}}=\frac{{U_2}^2}{{U_1}^2}$$

は自由度$(m-1,n-1)$のF分布に従う．

2・2　推　定

2・2・1　推　定

統計調査の母集団について，全数調査ができない場合，未知である母数に関する情報を標本調査によって得られた標本の情報から推測する必要がある．このことを**推定**という．この節では，母数の値を推定する**点推定**，母数の値が含まれる範囲を推定する**区間推定**について述べる．

2・2・2　点推定

点推定を行うに当たって，統計量から母数を推定するが，その際どのような統計量を用いるかについて述べる．母数の値を推定するために用いる統計量を**推定量**という．また，実際に母集団から抽出した標本の値を**実現値**という．また，推定量に具体的な実現値を代入することにより得られた値を**推定値**といい，これが母数を推定する値である．前節で述べたように母数と統計量には関係があった．推定量を決めるためには，推定量の平均が母数になるように決めたり，推定量の分散が小さくなるように決めたりする方法がある．

推定したい母数θについて，

$$\theta = E[\Theta]$$

を満たす統計量Θを**不偏推定量**という．

【例２・２・１】　母平均がμ，母分散がσ^2である分布に従う母集団の，母平均μと母分散σ^2の不偏推定量の１つを求めよ．

［解］第２・１・３項より，標本平均$\bar{X}$の平均は，

$$E[\bar{X}] = \mu$$

であり，不偏分散U^2の平均は，

$$E[U^2] = \sigma^2$$

であるので，母平均μと母分散σ^2の不偏推定量の１つは，標本平均$\bar{X}$および不偏分散U^2である．

推定量がわかっている場合，推定値は実現値を用いて計算することにより得られる．一般に実現値は小文字でx_iや$\bar{x}$のように表す．

【問２・２・１】　ある母集団から無作為抽出法により以下の標本を復元抽出した．

28.3,　24.7,　19.4,　25.1,　28.7,　26.8,　26.2,　27.5,　25.9,　27.6

母平均μと母分散σ^2を例２・２・１で求めた不偏推定量により推定せよ．

［解］標本の実現値を左からx_i, $(i = 1, 2, 3, 4, 5, 6, 7, 8, 9, 10)$とおくと，母平均について，不偏推定量は標本平均$\bar{X}$であるから，その実現値$\bar{x}$は，

$$\bar{x} = \frac{1}{10}\sum_{i=1}^{10} x_i = \frac{260.2}{10} = 26.02$$

となり，推定値は26.02である．また，母分散について，不偏推定量は不偏分散U^2であるから，その実現値u^2は，

$$u^2 = \frac{1}{10-1}\sum_{i=1}^{10}(x_i - \bar{x})^2 = \frac{64.136}{9} = 7.12622\cdots$$

となり，推定値は約7.13である．

【問２・２・２】　ある工場で作られたローソクの燃焼時間［秒］を調べるため

に，復元抽出により 10 本を無作為に選び燃焼時間を計測したところ，次の標本が得られた．ローソクの燃焼時間の平均 μ と分散 σ^2 を例2・2・1で求めた不偏推定量により推定せよ．

624，709，593，681，652，745，468，613，787，549

［略解］　$\mu \approx 642.1$［秒］　$\sigma^2 \approx 8915$

2・2・3　区間推定

点推定は，母数の値を推定できるが，標本の実現値から値を推定するため，抽出した標本によって値が変わってしまう．区間推定は母数が含まれる区間と，その区間に含まれる確率によって推定を行う．

母集団のある母数 θ について，母集団から抽出した標本 X_1，$X_2, \cdots$，X_n の統計量 Z_1，Z_2 と $0 \leq \alpha < 1$ について，

$$P(Z_1 \leq \theta \leq Z_2) = 1 - \alpha$$

と表せるとき，$100(1-\alpha)$%は母数 θ がある区間に含まれる確率であり，**信頼度**という．信頼度はある程度高くなければ意味がないので，95%（$\alpha = 0.05$）または 99%（$\alpha = 0.01$）がよく用いられる．また，信頼度によって母数 θ が含まれる区間は変わり，$Z_1 \leq \theta \leq Z_2$ を $100(1-\alpha)$% の**信頼区間**といい，Z_1 を**信頼下限**，Z_2 を**信頼上限**，2 つの値を合わせて**信頼限界**という．以下，区間推定の例をいくつか述べる．

まずは，**正規母集団において母分散 σ^2 が既知の場合の母平均 μ の区間推定**を考える．正規母集団から大きさ n の標本を無作為に復元抽出したときの標本平均 $\bar{X}$ は $N\left(\mu, \dfrac{\sigma^2}{n}\right)$ に従うので，例2・1・2と同様に

$$Z = \frac{\sqrt{n}(\bar{X} - \mu)}{\sigma}$$

とおけば，確率変数 Z は標準正規分布 $N(0,1)$ に従う．よって，α について

$$P(-z \leq Z \leq z) = 1 - \alpha$$

となる値zは，標準正規分布の性質より

$$P(-z \leq Z \leq z) = 1 - P(|Z| \geq z) = 1 - 2P(Z \geq z) = 1 - \alpha$$

であるので，

$$P(Z \geq z) = \frac{\alpha}{2}$$

となり，正規分布表やRを用いて求めることができる．

また，$-z \leq Z \leq z$のとき，$Z = \dfrac{\sqrt{n}(\bar{X} - \mu)}{\sigma}$より，

$$\bar{X} - \frac{\sigma}{\sqrt{n}}z \leq \mu \leq \bar{X} + \frac{\sigma}{\sqrt{n}}z$$

である．

これらをまとめると，信頼度$100(1-\alpha)\%$のとき，母平均μは信頼区間$\bar{X} - \dfrac{\sigma}{\sqrt{n}}z \leq \mu \leq \bar{X} + \dfrac{\sigma}{\sqrt{n}}z$で推定できる．ただし，$z$は正規分布で$P(Z \geq z) = \dfrac{\alpha}{2}$となる値である．

【例２・２・２】　正規分布$N(\mu, 4)$に従う正規母集団から，大きさ100の標本を無作為に復元抽出した場合の，標本平均の実現値が$\bar{x}$であるとき，母平均μの信頼度95%の信頼区間を推定せよ．

［解］$\sigma^2 = 4$，$n = 100$であり，信頼度95%のとき$\alpha = 0.05$より

$$\frac{0.05}{2} = 0.025 = P(Z \geq z) = 1 - P(Z \leq z)$$

であるから，$P(Z \leq z) = 0.975$となるのは正規分布表より$z = 1.9600$であり，求める信頼区間は，標本平均の実現値$\bar{x}$を用いて，

$$\bar{x} - \frac{2}{\sqrt{100}} \times 1.9600 \leq \mu \leq \bar{x} + \frac{2}{\sqrt{100}} \times 1.9600$$

$$\bar{x} - 0.392 \leq \mu \leq \bar{x} + 0.392$$

となる．

［注意］ 第１・２・４項に注意書きしたように，分布表の数値は真値とみなし，これを用いて計算を行うが，本書の例や問いの計算では有効桁数は揃えていない．

【問２・２・３】　例２・２・２において，母平均 μ の信頼度 99% の信頼区間を推定せよ．

［解］例２・２・２と同様に，信頼度 99% のとき $\alpha = 0.01$ で，正規分布より確率が 0.01 となる z の値は，$z = 2.5758$ であるので，求める信頼区間は標本平均の実現値 $\bar{x}$ を用いて，

$$\bar{x} - \frac{2}{\sqrt{100}} \times 2.5758 \leq \mu \leq \bar{x} + \frac{2}{\sqrt{100}} \times 2.5758$$

$$\bar{x} - 0.51516 \leq \mu \leq \bar{x} + 0.51516$$

となる．

【問２・２・４】　問２・２・２において，母集団が正規分布に従うとき，ローソクの燃焼時間の平均 μ の信頼度 95% の信頼区間を推定せよ．

［解］信頼下限：$x_L = 642.1 - \sqrt{\dfrac{8915}{10}} \times 1.9600 \approx 583.6$

信頼上限：$x_U = 642.1 + \sqrt{\dfrac{8915}{10}} \times 1.9600 \approx 700.6$

次に，**正規母集団において母分散 σ^2 が未知の場合の母平均 μ の区間推定**を考える．例２・１・６より，正規分布 $N(\mu, \sigma^2)$ に従う正規母集団から大きさ n の標本 $X_1, X_2, \cdots, X_n$ を抽出するとき，標本平均を $\bar{X}$，不偏分散を U^2 とし，

$$T = \frac{\sqrt{n}(\bar{X} - \mu)}{\sqrt{U^2}}$$

とおけば，T は自由度 $n-1$ の t 分布に従う．よって，母分散が既知の場合と同様に，α について

$$P(-t \leq T \leq t) = 1 - \alpha$$

となる値 t　は，t 分布の性質より

$$P(-t \leq T \leq t) = 1 - P(|T| \geq t) = 1 - 2P(T \geq t) = 1 - \alpha$$

であるので，

$$P(T \geq t) = \frac{\alpha}{2}$$

より，t 分布表やRを用いて求めることができる．

また，$-t \leq T \leq t$ のとき，$T = \dfrac{\sqrt{n}(\bar{X} - \mu)}{\sqrt{U^2}}$ より，

$$\bar{X} - \frac{\sqrt{U^2}}{\sqrt{n}} t \leq \mu \leq \bar{X} + \frac{\sqrt{U^2}}{\sqrt{n}} t$$

である．

これらをまとめると，信頼度$100(1-\alpha)\%$のとき，母平均μは信頼区間 $\bar{X} - \dfrac{\sqrt{U^2}}{\sqrt{n}} t \leq \mu \leq \bar{X} + \dfrac{\sqrt{U^2}}{\sqrt{n}} t$ で推定できる．ただし，t は自由度$n-1$の t 分布において $P(T \geq t) = \dfrac{\alpha}{2}$ となる値である．

【例2・2・3】　正規分布 $N(\mu, \sigma^2)$ に従う正規母集団から，大きさ 25 の標本を無作為に復元抽出したときの標本平均の実現値が $\bar{x}$, 不偏分散の実現値が u^2 である場合，母平均 μ の信頼度 95% の信頼区間を推定せよ．

［解］ $n = 25$，信頼度95%のとき$\alpha = 0.05$であるので，自由度 24 の t 分布表から$t = 2.0639$となり，求める信頼区間は標本平均の実現値$\bar{x}$を用いて，

$$\bar{x} - \frac{\sqrt{u^2}}{\sqrt{25}} \times 2.0639 \leq \mu \leq \bar{x} + \frac{\sqrt{u^2}}{\sqrt{25}} \times 2.0639$$

$$\bar{x} - u \times 0.41278 \leq \mu \leq \bar{x} + u \times 0.41278$$

と求まる．

【問2・2・5】　例2・2・3において，母平均 μ の信頼度 99% の信頼区間を推定せよ．

［解］ 例2・2・3と同様に，信頼度 99% のとき $\alpha = 0.01$であるので，自由度24の t 分布表から$t = 2.7969$が得られる．したがって，求める信頼区間は標本平均の実現値$\bar{x}$を用いて，

$$\bar{x} - \frac{\sqrt{u^2}}{\sqrt{25}} \times 2.7969 \leq \mu \leq \bar{x} + \frac{\sqrt{u^2}}{\sqrt{25}} \times 2.7969$$

$$\bar{x} - u \times 0.55938 \leq \mu \leq \bar{x} + u \times 0.55938$$

となる.

最後に，**正規母集団における母分散 σ^2 の区間推定**を考える．例2・1・5より，正規分布 $N(\mu, \sigma^2)$ に従う正規母集団から大きさ n の標本 $X_1, X_2, \cdots, X_n$ を抽出するとき，標本平均を $\bar{X}$，不偏分散を U^2 とすると，

$$\chi^2 = \sum_{i=1}^{n} \left(\frac{X_i - \bar{X}}{\sigma} \right)^2 = \frac{n-1}{\sigma^2} U^2$$

は自由度 $n-1$ の χ^2 分布に従う．この関係を用いることによって，母分散の区間推定を行う．標準正規分布や t 分布は中心軸に左右対称であるが，χ^2 分布は $x \leq 0$ では確率密度が 0 であり，正の値は $x > 0$ に分布する．したがって，α について

$$P(\chi^2 \geq x_1) = 1 - \frac{\alpha}{2}, \quad P(\chi^2 \geq x_2) = \frac{\alpha}{2}$$

となる値 x_1，x_2 を χ^2 分布表やRを用いて求めると，

$$P(x_1 \leq \chi^2 \leq x_2) = 1 - \alpha$$

が成り立つ（図2・2・1）.

また，$x_1 \leq \chi^2 \leq x_2$ のとき，$\chi^2 = \dfrac{n-1}{\sigma^2} U^2$ より，

$$\frac{(n-1)U^2}{x_2} \leq \sigma^2 \leq \frac{(n-1)U^2}{x_1}$$

である.

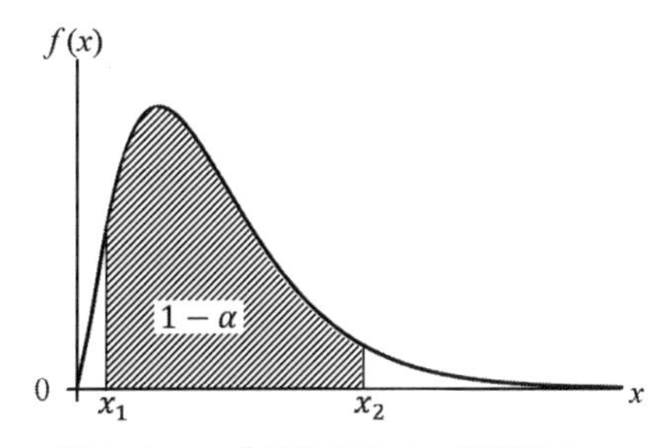

図2・2・1　χ^2 分布を用いた区間推定の信頼度

これらをまとめると，信頼度 $100(1-\alpha)$ %のとき，母分散 σ^2 は信頼区間 $\dfrac{(n-1)U^2}{x_2} \leq \sigma^2 \leq \dfrac{(n-1)U^2}{x_1}$ により推定できる．ただし，x_1, x_2 は自由度 n

-1 の χ^2 分布で $P(\chi^2 \geq x_1) = 1 - \frac{\alpha}{2}, P(\chi^2 \geq x_2) = \frac{\alpha}{2}$ となる値である.

【例2・2・4】 正規分布 $N(\mu, \sigma^2)$ に従う正規母集団から，大きさ 30 の標本を無作為に復元抽出したときの不偏分散の実現値が u^2 であるとき，母分散 σ^2 の信頼度 95% の信頼区間を推定せよ.

［解］ $n = 30$，信頼度 95%のとき $\alpha = 0.05$ であるので，自由度 29 の χ^2 分布表から次のように x_1, x_2 を求める. $P(\chi^2 \geq x_1) = 0.975$ となるとき $x_1 = 16.047$，$P(\chi^2 \geq x_2) = 0.025$ となるとき $x_2 = 45.722$. したがって，求める信頼区間は不偏分散の実現値 u^2 を用いて，

$$\frac{29}{45.772}u^2 \leq \sigma^2 \leq \frac{29}{16.047}u^2$$

$$0.6446u^2 \leq \sigma^2 \leq 1.8072u^2$$

となる.

【問2・2・6】 例2・2・4において，母分散 σ^2 の信頼度 99% の信頼区間を推定せよ.

［解］ 例2・2・4と同様に，信頼度 99%のとき $\alpha = 0.01$ であるので，自由度 29 の χ^2 分布表より $x_1 = 13.121$，$x_2 = 52.336$ となり，信頼区間は不偏分散の実現値 u^2 を用いて，

$$\frac{29}{52.336}u^2 \leq \sigma^2 \leq \frac{29}{13.121}u^2$$

$$0.5541u^2 \leq \sigma^2 \leq 2.2102u^2$$

と求めることができる.

【問2・2・7】 問2・2・2において，母集団が正規分布に従うとき，ローソクの燃焼時間の分散 σ^2 について，信頼度 95% の信頼区間を推定せよ.

［解］ $x_1 = 2.7004, x_2 = 19.023$ から

$$\frac{9}{19.023} \times 8915 \leq \sigma^2 \leq \frac{9}{2.7004} \times 8915$$

$$4218 \leq \sigma^2 \leq 29717$$

2・3 検 定

2・3・1 仮 説

母数θについて**仮説**と呼ばれる示したい命題を立てて，その命題がどの程度正しいかを統計的に判断することを**仮説検定**（あるいは統計的仮説検定）という．「母数$\theta = \theta_0$」の仮説H_0を**帰無仮説**といい，帰無仮説が成り立たないときに成り立つ命題H_1を**対立仮説**という．ここでθ_0はある特定の値を表している．この場合の対立仮説には，「$\theta \neq \theta_0$」，「$\theta > \theta_0$」，「$\theta < \theta_0$」という仮説が考えられる．それらの対立仮説を立てて検定を行うことを，それぞれ**両側検定**，**右側検定**，**左側検定**という．右側検定と左側検定は合わせて**片側検定**という．帰無仮説についてどの程度の確率で起こるかの基準をあらかじめ設定し，その基準を満たすか満たさないかを統計量により判断する．その基準を**有意水準**（**危険率**）といい，この有意水準で帰無仮説が正しいと判断されるとき，つまり，帰無仮説に関する統計量が**採択域**にあるとき，帰無仮説を**採択する**といい，正しくないと判断されるとき，つまり，帰無仮説に関する統計量**が棄却域**にあるとき，仮説を**棄却する**という（図2・3・1参照）．有意水準は通常5%か1%に設定される．

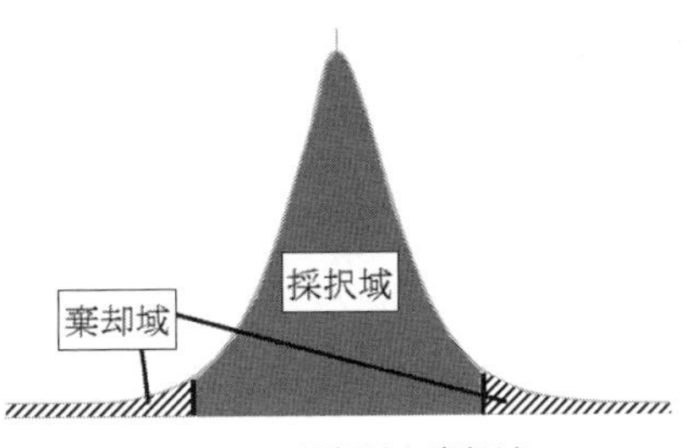

図2・3・1 採択域と棄却域

一般に，ある仮説が成り立つことを主張したい場合には，それを対立仮説として，帰無仮説を否定することにより，所望の主張を行うのが仮説検定の考え方である．帰無仮説が採択されたとしても，そのことと帰無仮説が実際に正しいこととは異なる．帰無仮説が真に正しい場合に棄却してしまう誤りを**第１種の誤り**といい，帰無仮説が正しくない場合に採択してしまう誤りを**第２種の誤り**という（表2・3・1参照）．検定結果を求め，それを用いる際には，これらの誤りについて考慮すべきである．本書ではこれ以上詳しく述べないので，詳細は参考文献(4)を参考にしてもらいたい．

表2・3・1 第1種の誤りと第2種の誤り

	H_0が真に正しい	H_0が真に正しくない
H_0を採択	正しい	第2種の誤り
H_0を棄却	第1種の誤り	正しい

この節では，母数の値に関する検定について述べる．

2・3・2 母平均の検定

母平均について検定を行う．まず，**正規母集団において母分散σ^2が既知の場合の母平均μの検定**を考える．ここでは，帰無仮説として母平均はμ_0であるという仮説を立て，対立仮説としてはその否定を取る．つまり，

帰無仮説H_0：$\mu = \mu_0$

対立仮説H_1：$\mu \neq \mu_0$

として両側検定を行う．母分散が既知の場合の母平均の区間推定と同様に，正規母集団から大きさnの標本を無作為に復元抽出したときの標本平均$\bar{X}$は$N\left(\mu_0, \dfrac{\sigma^2}{n}\right)$に従うので，$Z = \dfrac{\sqrt{n}(\bar{X} - \mu_0)}{\sigma}$とおけば，確変数$Z$は標準正規分布$N(0,1)$に従う．$Z$の実現値を$z_0$，有意水準を$100\alpha\%$とすると，$\alpha$について

$$P(Z \geq z) = P(Z \leq -z) = \frac{\alpha}{2}$$

となる値zは，正規分布表やRを用いて求めることができるので，

$$-z < z_0 < z$$

であれば，帰無仮説は採択され，

$$z_0 \leq -z \quad \text{または，} \quad z \leq z_0$$

では，帰無仮説は棄却される．この検定を**z検定**という．

【例2・3・1】 正規分布$N(\mu, 4)$に従う正規母集団について，母平均は20であると仮説を立てて標本調査を行った．大きさ15の標本を無作為に復元抽出

し，その標本平均の実現値が19.1であったとき，母平均は20ではないといってよいか．有意水準5%で検定せよ．

［解］帰無仮説 $H_0 : \mu = 20$

対立仮説 $H_1 : \mu \neq 20$

として両側検定を行う．$\sigma^2 = 4$，$n = 15$で有意水準5% のとき $\alpha = 0.05$より

$$\frac{0.05}{2} = 0.025 = P(Z \geq z) = 1 - P(Z \leq z)$$

であるから，$P(Z \leq z) = 0.975$となるのは正規分布表より$z = 1.9600$である．また，標本平均$\bar{X}$の実現値19.1，帰無仮説$\mu_0 = 20$から，

$$z_0 = \frac{\sqrt{15}(19.1 - 20)}{2} = -1.74284 \cdots \approx -1.7428$$

となる．よって，$-z < z_0 < z$であるので，帰無仮説は採択される．したがって，有意水準5%で，$\mu = 20$ではないとはいえない．

例２・３・１について，大きさ 30 の標本を抽出したときも標本平均の実現値が 19.1 であったとすると，$z_0 \approx -2.4648$となり，$z_0 \leq -z$であるので，帰無仮説は棄却され，有意水準5%で母平均μが20ではないといえることになる．このとき，有意水準5%であるので，第 1 種の誤りを犯している可能性が5%ある．また，このことから標本における実現値が同じであっても，標本の大きさが異なると検定の結果が変わり得ることがわかる．標本の大きさが大きくなると，検定の結果は有意になりやすいということは，統計的仮説検定において一般的にいえる性質である．したがって，例２・３・１の結果は，第２種の誤りを犯している可能性がある．

次に，**正規母集団において母分散σ^2が未知の場合の母平均μの検定**を考える．帰無仮説は母分散が既知の場合と同じである．つまり，

帰無仮説 $H_0 : \mu = \mu_0$

対立仮説 $H_1 : \mu \neq \mu_0$

として両側検定を行う．母分散が未知の場合の母平均の区間推定と同様に，正

規分布 $N(\mu_0, \sigma^2)$に従う正規母集団から大きさ n の標本 $X_1, X_2, \cdots, X_n$を抽出するとき，標本平均を $\bar{X}$，不偏分散を U^2とし，

$$T = \frac{\sqrt{n}(\bar{X} - \mu_0)}{\sqrt{U^2}}$$

とおけば, Tは自由度 $n-1$ の t分布に従う. Tの実現値を t_0, 有意水準を100α%とすると，αについて

$$P(T \geq t) = P(T \leq -t) = \frac{\alpha}{2}$$

となる値 t は，t分布表や R を用いて求めることができるので,

$$-t < t_0 < t$$

のとき帰無仮説は採択され,

$$t_0 \leq -t \quad \text{または,} \qquad t \leq t_0$$

のとき帰無仮説は棄却される．この検定を t **検定**という．

【例２・３・２】　正規分布 $N(\mu, \sigma^2)$ に従う正規母集団において，母平均は20であると仮説を立てて標本調査を行った．大きさ 25 の標本を無作為に復元抽出した場合の標本平均の実現値が 20.7, 不偏分散の実現値が 2.5であったとき，母平均は20ではないといってよいか．有意水準 5%および 1%で検定せよ．

［解］帰無仮説 H_0 : $\mu = 20$

　　　対立仮説 H_1 : $\mu \neq 20$

として両側検定を行う．$n = 25$，有意水準 5% のとき $\alpha = 0.05$から，自由度 24 の t 分布表を用いると，$t = 2.0639$が得られる．また，標本平均$\bar{X}$の実現値が 20.7，不偏分散U^2の実現値が 2.5，帰無仮説より$\mu_0 = 20$であるから,

$$t_0 = \frac{\sqrt{25}(20.7 - 20)}{\sqrt{2.5}} = 2.21359 \cdots \approx 2.2136$$

となる．よって，$t_0 > t$であるので，帰無仮説は棄却される．したがって，有意水準 5%で，$\mu = 20$ではないといえる．同様に，有意水準1% のときは$\alpha = 0.01$から，自由度 24 のt 分布表を用いると，$t = 2.7969$が得られるため，$-t < t_0 < t$であるので，帰無仮説は

採択される．したがって，この場合は$\mu = 20$ではないとはいえない．

【問2・3・1】　ある高校の 2 年生 100 人の身長を測定したところ，平均が 171.3[cm]，分散が 132.2 であった．全国の高校 2 年生の平均身長が 170.0[cm] であるとき，この高校の 2 年生の平均身長は全国の高校 2 年生の平均身長より高いといってよいか．有効水準 5%で検定せよ．

［解］右側検定により母平均の検定を行う．標本分散 132.2 から，不偏分散の実現値は $u^2 = \dfrac{100}{100-1} \times 132.2$ である．$t_0 \approx 1.1250$，$t = 1.6604$ から$t_0 < t$であるので，帰無仮説は採択され，高いとはいえない．

両側検定について述べたが，片側検定についても同様に考える．題意によって，対立仮説を$\theta > \theta_0$あるいは$\theta < \theta_0$と取るべき場合には，両側検定ではなく，片側検定を行うことになる．統計量の実現値をz_0，有意水準を100α %とすると，α について，右側検定のときの棄却域は

$$z \leq z_0 \quad （ただし，P(Z \geq z) = \alpha）$$

左側検定のときの棄却域は

$$-z \geq z_0 \quad （ただし，P(Z \leq -z) = \alpha）$$

となる．検定に用いる統計量のことを**検定統計量**という．両側検定では$\dfrac{\alpha}{2}$ずつ両側に棄却域が存在したが，片側検定では片方だけに両側検定の場合の 2 倍の確率(α)の棄却域ができることになる．

［注意］EXCEL や R の関数で，両側検定がデフォルトになっていたり，両側検定しかできない場合には，棄却域を 2 倍にして求めると片側検定と同じ結果が得られる．

2・3・3　母分散の検定

正規母集団における母分散σ^2の検定を考える．ここでは，帰無仮説として母分散は${\sigma_0}^2$であるという仮説を立て，対立仮説としては，母分散は${\sigma_0}^2$より大き

いという仮説を立てる．つまり，

帰無仮説H_0：$\sigma^2 = {\sigma_0}^2$

対立仮説H_1：$\sigma^2 > {\sigma_0}^2$

として右側検定を行う．母分散の区間推定と同様に，正規分布$N(\mu, {\sigma_0}^2)$に従う正規母集団から大きさnの標本$X_1, X_2, \cdots, X_n$を抽出して，これらに関する不偏分散をU^2とすると，$\chi^2 = \frac{n-1}{{\sigma_0}^2}U^2$は自由度$n-1$の$\chi^2$分布に従う．$\chi^2$の実現値を$\chi_0^2$，有意水準を100α%とすれば，$\alpha$について

$$P(\chi^2 \geq x) = \alpha$$

となる値xをχ^2分布表やRを用いて求めることができるので，

$$\chi_0^2 < x$$

のとき帰無仮説は採択され，

$$\chi_0^2 \geq x$$

のとき帰無仮説は棄却される．

【例2・3・3】　正規分布$N(\mu, \sigma^2)$に従うある正規母集団があり，その標準偏差は1.0以内であることが望まれる．大きさ30の標本を無作為に復元抽出したときの不偏分散の実現値が1.2であったとすると，1.0に比べてばらつきが大きいといえるか．有意水準5%で検定せよ．

［解］帰無仮説H_0：$\sigma^2 = 1.0$

対立仮説H_1：$\sigma^2 > 1.0$

として右側検定を行う．$n = 30$，有意水準5%のとき$\alpha = 0.05$であり，自由度29のχ^2分布表の$P(\chi^2 \geq x) = 0.05$となるxの値は$x = 42.557$である．また，不偏分散U^2の実現値が1.2，帰無仮説より${\sigma_0}^2 = 1$であるから，

$$\chi_0^2 = \frac{30-1.0}{1.0} \times (1.2)^2 = 41.76$$

となる．よって，$\chi_0^2 < x$であるので，帰無仮説は採択される．したがって，有意水準5%で，$\sigma = 1.0$に比べてばらつきが大きいとはいえない．

2・3・4 母平均の差の検定

2 つの正規母集団において，それらの母分散$\sigma_1{}^2$，$\sigma_2{}^2$が既知の場合の母平均の差$\mu_1-\mu_2$の検定を考える．ここでは，帰無仮説として母平均の差はcであるという仮説を立て，対立仮説としてはその否定を取る．つまり，

帰無仮説H_0：$\mu_1-\mu_2=c$

対立仮説H_1：$\mu_1-\mu_2\neq c$

として両側検定を行う．ただし，cは定数である．2 つの確率変数X,Yが独立で，それぞれ，$N(\mu_1,\sigma_1^2)$と$N(\mu_2,\sigma_2^2)$の正規分布に従うものとすれば，$(aX\pm bY)$は正規分布$N(a\mu_1\pm b\mu_2,a^2\sigma_1^2+b^2\sigma_2^2)$に従うことから，2 つの正規母集団からそれぞれ大きさn，mの標本を無作為に復元抽出したときの標本平均$\bar{X}$，$\bar{Y}$は$N\left(\mu_1,\frac{\sigma_1{}^2}{n}\right),\left(\mu_2,\frac{\sigma_2{}^2}{m}\right)$に従うので，$\bar{Z}=\bar{X}-\bar{Y}$ は$N\left(c,\frac{\sigma_1{}^2}{n}+\frac{\sigma_2{}^2}{m}\right)$に従う．よって，

$$Z=\frac{\bar{Z}-c}{\sqrt{\frac{\sigma_1{}^2}{n}+\frac{\sigma_2{}^2}{m}}}$$

とおけば，確率変数 Z は標準正規分布$N(0,1)$ に従う．Zの実現値をz_0，有意水準を100α％とすると，αについて

$$P(Z\geq z)=P(Z\leq -z)=\frac{\alpha}{2}$$

となる値zは，正規分布表や R を用いて求めることができ，

$$-z<z_0<z$$

のとき帰無仮説は採択され，

$$z_0\leq -z \quad \text{または，} \quad z\leq z_0$$

のとき帰無仮説は棄却される．

【例2・3・4】 2 つの正規分布$N(\mu_1,2)$，$N(\mu_2,3)$に従う正規母集団について，母平均μ_1，μ_2の関係を調査したい．2 つの母集団からそれぞれ大きさ 10 の標本を無作為に復元抽出したら，標本平均の実現値がそれぞれ3.4，4.8であっ

たとき，μ_1，μ_2は異なるといえるか．有意水準5%で検定せよ．

［解］帰無仮説H_0 : $\mu_1 - \mu_2 = 0$

対立仮説H_1 : $\mu_1 - \mu_2 \neq 0$

として両側検定を行う．$n = m = 10$，有意水準5%のとき$\alpha = 0.05$であるので正規分布表より，$z = 1.9600$である．また，標本平均$\bar{X}$，$\bar{Y}$の実現値が3.4，4.8であるから，$\bar{Z}$の実現値は$3.4 - 4.8$，帰無仮説より$c = 0$であるので，

$$z_0 = \frac{(3.4 - 4.8) - 0}{\sqrt{\frac{2}{10} + \frac{3}{10}}} = -1.97989 \cdots \approx -1.9799$$

となる．よって，$z_0 < -z$であるので，帰無仮説は棄却される．したがって，有意水準5%で，μ_1，μ_2は異なるといえる．

【問２・３・２】　ある菓子が２つの工場A，Bで袋詰めされている．２つの工場で，１袋に詰められているこの菓子の量に違いがあるかどうかを調べるために，それぞれの工場で30袋ずつの重さを測ったところ，工場Aの平均が101.6［g］，工場Bの平均が99.4[g]であった．母分散については，これまでの経験上，工場Aが16.7，工場Bが17.2であることがわかっている．この２つの工場の１袋の量には違いがあるといってよいか．有意水準5%で検定せよ．

［略解］両側検定により母平均の差の検定を行う．

$$z_0 = \frac{(101.6 - 99.4) - 0}{\sqrt{\frac{16.7}{30} + \frac{17.2}{30}}} \approx 2.07$$

したがって，$z = 1.9600$から$z_0 > z$であるので，帰無仮説は棄却され，違いがあるといってよい．

２つの正規母集団$N(\mu_1, {\sigma_1}^2)$，$N(\mu_2, {\sigma_2}^2)$について，それぞれの母分散が未知の場合の母平均の差の検定は，２つの母分散${\sigma_1}^2$，${\sigma_2}^2$が等しい場合，それぞれ大きさn，mの標本を無作為に復元抽出したときの標本平均を$\bar{X}$，$\bar{Y}$，標本分散を${S_X}^2$，${S_Y}^2$とすると，

$$T = \frac{\sqrt{n+m-2}\{(\bar{X}-\bar{Y})-(\mu_1-\mu_2)\}}{\sqrt{\left(\frac{1}{n}+\frac{1}{m}\right)\left(nS_X{}^2+mS_Y{}^2\right)}}$$

とおけば, 確率変数 T は自由度 $n+m-2$ の t 分布に従うことが知られている. このことを利用して，母分散が未知の場合の母平均の検定と同様に t 検定を行えばよいので,

帰無仮説 H_0 : $\mu_1-\mu_2=c$

対立仮説 H_1 : $\mu_1-\mu_2\neq c$

として両側検定を行う．ただし，c は定数である．したがって,

$$T = \frac{\sqrt{n+m-2}\{(\bar{X}-\bar{Y})-c\}}{\sqrt{\left(\frac{1}{n}+\frac{1}{m}\right)\left(nS_X{}^2+mS_Y{}^2\right)}}$$

とおいて，T の実現値を t_0，有意水準を100α％とすると，α について

$$P(T\geq t)=P(T\leq -t)=\frac{\alpha}{2}$$

となる値 t は，t 分布表や R を用いて求めることができ,

$$-t<t_0<t$$

のとき帰無仮説は採択され,

$$t_0\leq -t \quad \text{または,} \quad t\leq t_0$$

のとき帰無仮説は棄却される.

【例２・３・５】　正規分布 $N(\mu_1,\sigma_1{}^2)$，$N(\mu_2,\sigma_2{}^2)$ に従う２つの正規母集団について，母平均 μ_1，μ_2 の関係を調査したい．２つの母集団からそれぞれ大きさ，10，15 の標本を無作為に復元抽出したら，標本平均の実現値が10.3，12.8，標本分散の実現値が3.48，3.40であった. このとき, μ_1，μ_2 は異なるといえるか. 有意水準 5％で検定せよ．ただし，母分散は等しいと仮定してよい.

［解］帰無仮説 H_0 : $\mu_1-\mu_2=0$

対立仮説 H_1 ：$\mu_1 - \mu_2 \neq 0$

として両側検定を行う．$n = 10$，$m = 15$，有意水準5%のとき$\alpha = 0.05$であるので，自由度23 の t 分布表から，$t = 2.0687$ が求まる．また，標本平均$\bar{X}$，$\bar{Y}$の実現値が 10.3, 12.8，標本分散${S_X}^2$，${S_Y}^2$の実現値が 3.48，3.40 であり，帰無仮説より$c = 0$であるので，

$$t_0 = \frac{\sqrt{10+15-2}\left((10.3-12.8)-0\right)}{\sqrt{\left(\frac{1}{10}+\frac{1}{15}\right)(10 \times 3.48 + 15 \times 3.40)}} = -3.17055 \cdots \approx -3.17056$$

となる．よって，$t_0 < -t$であるので，帰無仮説は棄却される．したがって，有意水準5%で，μ_1, μ_2 は異なるといえる．

また，**未知である２つの母分散${\sigma_1}^2$，${\sigma_2}^2$について，それらが等しいかどうかの検定**を**等分散の検定**という．つまり，

帰無仮説 H_0 ：${\sigma_1}^2 = {\sigma_2}^2 (= {\sigma_0}^2)$

対立仮説 H_1 ：${\sigma_1}^2 \neq {\sigma_2}^2$

として両側検定を行う．例２・１・７より，分散が等しい正規分布$N(\mu_1, {\sigma_0}^2)$，$N(\mu_2, {\sigma_0}^2)$に従う 2 つの正規母集団からそれぞれ大きさn，mの標本を抽出するとき，不偏分散をそれぞれ${U_1}^2$，${U_2}^2$とし，

$$F = \frac{{U_2}^2}{{U_1}^2}$$

とおけば，F は自由度 $(m-1, n-1)$ の F 分布に従う．F 分布は，χ^2分布と同様$x \leq 0$で確率密度が 0 であり，分布値は$x > 0$で正となるので，有意水準を100α％とするとき，α について

$$P(F \geq x_1) = 1 - \frac{\alpha}{2}, \quad P(F \geq x_2) = \frac{\alpha}{2}$$

となる値x_1，x_2を F 分布表やＲで求める．Fの実現値をf_0とすると，

$$x_1 < f_0 < x_2$$

のとき帰無仮説は採択され，

$$f_0 \leq x_1 \quad \text{または，} \quad x_2 \leq f_0$$

のとき帰無仮説は棄却される.

等分散の検定を行って，2 つの母分散が等しいことが確かめられたら，分散が未知の場合の母平均の差の検定を行うことができる.

【例2・3・6】 正規分布$N(\mu_1, {\sigma_1}^2)$，$N(\mu_2, {\sigma_2}^2)$に従う２つの正規母集団について，母分散${\sigma_1}^2$，${\sigma_2}^2$の関係を調査したい．2 つの母集団からそれぞれ大きさ15，25 の標本を無作為に復元抽出したら，不偏分散の実現値が3.7，2.3であった．このとき，${\sigma_1}^2$，${\sigma_2}^2$は異なるといえるか．有意水準5%で検定せよ.

［解］帰無仮説H_0 : ${\sigma_1}^2 = {\sigma_2}^2$

対立仮説H_1 : ${\sigma_1}^2 \neq {\sigma_2}^2$

として両側検定を行う. $n = 15$，$m = 25$, 有意水準5% のとき$\alpha = 0.05$であるので自由度$(24, 14)$ のF 分布表から，$x_1 = 0.4052$，$x_2 = 2.7888$が求まる．このとき，

$$f_0 = \frac{2.3}{3.7} = 0.621621 \cdots \approx 0.6216$$

で$x_1 < f_0 < x_2$ となるので，帰無仮説は採択される．したがって，有意水準5%で，${\sigma_1}^2$，${\sigma_2}^2$は異なるとはいえない.

2・3・5 母比率の検定

母比率pが未知の二項母集団において母比率pの検定を考える．ここでは，帰無仮説として母比率はp_0であるという仮説を立て，対立仮説としてその否定を取る．つまり，

帰無仮説 H_0 : $p = p_0$

対立仮説 H_1 : $p \neq p_0$

として両側検定を行う．例２・１・３より母比率p_0 の二項母集団から大きさnの標本$X_1, X_2, \cdots, X_n$を抽出すると，標本比率を$\hat{P}$ とし，

$$Z = \frac{\sqrt{n}\left(\hat{P} - p_0\right)}{\sqrt{p_0(1 - p_0)}}$$

とおけば，n が大きいとき確率変数Z は標準正規分布$N(0, 1)$ に近似的に従う.

Zの実現値をz_0，有意水準を100α %とすれば，αについて

$$P(Z \geq z) = P(Z \leq -z) = \frac{\alpha}{2}$$

となるzは，正規分布表やRから求めることができ，

$$-z < z_0 < z$$

のとき帰無仮説は採択され，

$$z_0 \leq -z \quad \text{または,} \quad z \leq z_0$$

のとき帰無仮説は棄却される.

【問2・3・3】 オリジナルのコインを用いてコイントスを行う. 100回の試行を行ったところ, 表が68回出た. このコインは, 表も裏も等しく出るといってよいかどうか. 有意水準5%で検定せよ.

表2・3・2 期待度数と観測度数の表

属　性	A_1	A_2	…	A_m	合計
期待度数	p_1n	p_2n	…	p_mn	n
観測度数	x_1	x_2	…	x_m	n

[解] 母比率の検定を行う．$\alpha = 0.05$より$z = 1.9600$であり，$n = 100$，$\hat{P} = \frac{68}{100}$，$p_0 = \frac{1}{2}$より

$$z_0 = \frac{\sqrt{100}(0.68 - 0.5)}{\sqrt{0.5(1 - 0.5)}} = 3.6$$

となる．したがって，$z \leq z_0$であるので，帰無仮説は棄却され，このコインは表も裏も等しく出るとはいえない.

2・3・6　適合度の検定

母集団から1つの標本を抽出したとき，属性$A_1, A_2, \cdots, A_m$のいずれかに属し，また，標本が各属性に属する確率はそれぞれ$p_1, p_2, \cdots, p_m$, $(p_1 + p_2 + \cdots + p_m = 1)$であるとする．このとき，大きさ$n$の標本を抽出すると，各属性$A_i, (i = 1,2, \cdots, m)$に属する要素の個数は理論的には$p_in$と期待される．これを**期待度数**という．しかしながら，実際に抽出される個数$x_1, x_2, \cdots, x_m, (x_1 + x_2 + \cdots +$

$x_m = n$)は期待度数とは異なる値になるかもしれない．この実際の値のことを**観測度数**という．この関係は表2・3・2のようにまとめることができる．

期待度数と観測度数の関係の検定を**適合度の検定**という．この検定では，

帰無仮説H_0：各属性A_i，$(i = 1,2,\cdots,m)$に属する確率はp_iである

対立仮説H_1：各属性A_i，$(i = 1,2,\cdots,m)$に属する確率はp_iと異なる

と仮説を立てて検定を行う．具体的な検定統計量としては，それぞれの属性で期待度数と観測度数の違いがどの程度あるかを検定するので，

$$\chi^2 = \sum_{i=1}^{m} \frac{(x_i - p_i n)^2}{p_i n}$$

を用いる．検定統計量χ^2の実現値をχ_0^2とすると，すべての属性で期待度数と観測度数が等しければ$\chi_0^2 = 0$，そうでなければ$\chi_0^2 > 0$となる．また，χ^2は自由度$m-1$のχ^2分布に近似的に従うことが知られているので，χ^2分布を用いて右側検定を行う．有意水準を100α％とすると，αについて

$$P(\chi^2 \geq x) = \alpha$$

となる値xをχ^2分布表やRを用いて求めれば，

$$\chi_0^2 < x$$

のとき帰無仮説は採択され，

$$\chi_0^2 \geq x$$

のとき帰無仮説は棄却される．

【問2・3・4】　8面体のサイコロを自作した．さいころを100回投げて，各目の出方を調べたところ表2・3・3のような結果になった．このとき，このサイコロのそれぞれの目の出る確率は等しいといってよいかどうか．有意水準1%で検定せよ．

表2・3・3　サイコロの出る目の回数表

出る目	1	2	3	4	5	6	7	8	合計
回　数	10	18	9	12	10	11	17	13	100

[略解]　適合度の検定を行う．各目の期待度数は$\frac{1}{8} \times 100 = 12.5$であるから，

$$\chi_0^2 = \frac{(10-12.5)^2}{12.5} + \frac{(18-12.5)^2}{12.5} + \cdots + \frac{(8-12.5)^2}{12.5} = 6.24$$

したがって，$\chi_0^2 < x = 18.475$であるので，帰無仮説は採択され，目の出る確率は等しいといってよい（18.475 は自由度 7 のχ^2分布表から求める）.

2・3・7　独立性の検定

ある母集団から 1 つの標本Xを抽出したとき，その標本が属性$A_1, A_2, \cdots, A_l$中のいずれかと，別の属性$B_1, B_2, \cdots, B_m$の中のいずれかに属するとする．このとき，大きさnの標本を抽出し，それらがA_iかつB_jに属する個数をx_{ij}とすると，x_{ij}は表２・３・４のように表すことができる．このx_{ij}は観測度数であるので，この表を観測度数についての$\boldsymbol{l \times m}$**分割表**という．ここで，合計欄の$y_{i\bullet}$はi行目の合計を，$y_{\bullet j}$はj列名の合計を表している.

このとき，2 つの属性間に関係があるか，ないかについて検定することを，**独立性の検定**という．すなわち，

帰無仮説H_0：属性$A_i, (i = 1,2,\cdots,l)$と$B_i, (i = 1,2,\cdots,m)$は独立である

対立仮説H_1：属性$A_i, (i = 1,2,\cdots,l)$と$B_i, (i = 1,2,\cdots,m)$は独立ではない

として検定を行うものである．検定統計量としては，適合度の検定と同様に，各属性$A_i, (i = 1,2,\cdots,l)$かつ$B_j, (j = 1,2,\cdots,m)$に属する期待度数を$\dfrac{y_{i\bullet} y_{\bullet j}}{n}$，観測度数を$x_{ij}$と考えて，

$$\chi^2 = \sum_{i,j} \frac{\left(x_{ij} - \dfrac{y_{i\bullet} y_{\bullet j}}{n} \right)^2}{\dfrac{y_{i\bullet} y_{\bullet j}}{n}}$$

を用いる．このχ^2は自由度$(l-1)(m-1)$のχ^2分布に近似的に従うことが知られているので，χ^2分布を用いて右側検定を行う．有意水準を100α％とするとき，αについて

表２・３・４　$\boldsymbol{l \times m}$分割表

	B_1	B_2	$\cdots$	B_m	合計
A_1	x_{11}	x_{12}	$\cdots$	x_{1m}	$y_{1\bullet}$
A_2	x_{21}	x_{22}	$\cdots$	x_{2m}	$y_{2\bullet}$
$\vdots$	$\vdots$	$\vdots$	$\ddots$	$\vdots$	$\vdots$
A_l	x_{l1}	x_{l2}	$\cdots$	x_{lm}	$y_{l\bullet}$
合計	$y_{\bullet 1}$	$y_{\bullet 2}$	$\cdots$	$y_{\bullet m}$	n

$$P(\chi^2 \geq x) = \alpha$$

となる値xをχ^2分布表やＲを用いて求めれば，χ^2の実現値χ_0^2が，

$$\chi_0^2 < x$$

のとき帰無仮説は採択され，

$$\chi_0^2 \geq x$$

のとき帰無仮説は棄却される．

【問２・３・５】　ある学校の国語と数学の成績の関係を調べるために，120 人の学生について，それぞれの点数が 70 点以上か未満かを調べたところ表２・３・５のような結果になった．このとき，この学校の学生の国語と数学の成績には関係があるといってよいかどうか．有意水準 5% で検定せよ．

表２・３・５　国語と数学の成績

数学＼国語	70点以上	70点未満	合計
70点以上	51	16	67
70点未満	32	21	53
合計	83	37	120

［略解］ 独立性の検定を行う．与えられた表（観測度数表という）に対して，期待度数の表（期待度数表という）は表２・３・６のようになる．これらの表からχ_0^2の値を求めると，

$$\chi_0^2 = \frac{(51-46.342)^2}{46.342} + \frac{(32-36.658)^2}{36.658} + \cdots + \frac{(21-16.342)^2}{16.342} \approx 3.4380$$

となり，自由度１のχ_0^2分布表から$x = 3.8415$であるので，$\chi_0^2 < x$となり，帰無仮説は採択され，独立であると判断されるため，国語と数学の成績に関係があるとはいえない．

表２・３・６ 期待度数表

数学＼国語	70点以上	70点未満	合計
70点以上	46.342	20.658	67
70点未満	36.658	16.342	53
合計	83	37	120

独立性の検定において，分割表が2×2分割表で与えられているときには，上述の式ではなく，

$$\chi^2 = \frac{n(x_{11}x_{22} - x_{12}x_{21})^2}{y_{1\bullet}y_{2\bullet}y_{\bullet 1}y_{\bullet 2}}$$

により検定を行うこともある．また，離散的な確率変数を連続的な確率分布であるχ^2分布を用いて検定していることから，標本数が小さい（$n < 10$）場合には，

$$\chi^2 = \frac{n\left(|x_{11}x_{22} - x_{12}x_{21}| - \frac{n}{2}\right)^2}{y_{1\bullet}y_{2\bullet}y_{\bullet 1}y_{\bullet 2}}$$

の補正を行うことがある．この補正は**イェイツの連続性補正**と呼ばれる．

2・3・8　相関係数の検定

ここまでいくつかの検定について述べたが，どれも検定統計量とそれが従う分布さえ決まれば，ほとんど同様の手順で検定を行うことができた．最後に，独立性の検定に関連して，相関係数を用いた検定を取り上げる．ここでは，抽出された標本間の相関関係から母集団の相関係数を検定する手法について述べる．2 つの母集団から無作為抽出した大きさn の標本$(x_1, y_1), (x_2, y_2), \cdots, (x_n, y_n)$が 2 次元正規分布に従うとき，

$$T = \sqrt{\frac{(n-2)(R[X,Y])^2}{1 - (R[X,Y])^2}}$$

は自由度$n - 2$のt 分布に従うことが知られている．ただし，$R[X,Y]$は確率変数X, Yの相関係数を表す．このTを用いて，

帰無仮説H_0 : $r[X,Y] = 0$

対立仮説H_1 : $r[X,Y] \neq 0$

と仮説を立てて両側検定を行うのが相関係数の検定である．Tの実現値をt_0，有意水準を100α %とするとき，αについて

$$P(T \geq t) = P(T \leq -t) = \frac{\alpha}{2}$$

となる値tは，t分布表や R を用いて求めることができ，

$$-t < t_0 < t$$

のとき帰無仮説は採択,

$$t_0 \leq -t \quad \text{または}, \quad t \leq t_0$$

のとき帰無仮説は棄却される.

この検定は, 2 つの母集団の間に相関があるかないかを問うものであり, **無相関の検定**と呼ばれている.

[注意] 本項では, 標本間の相関係数（標本相関係数という）を扱っており, 確率変数X, Yの相関を$R[X, Y]$, その実現値を$r[X, Y]$と表している. 第1・1・3項の相関係数r_{xy}はこの$r[X, Y]$と同じ意味を表すものである.

【問2・3・6】　ある地域の 30 年間の 8 月の平均気温と 2 月の平均気温から相関係数を求めたところ, 0.42 であった. このとき, この地域の 8 月の平均気温と 2 月の平均気温には相関があるかといってよいかどうか, 有意水準 1%で検定せよ.

[略解] 無相関の検定を行う. $n = 30$, 有意水準 1% のとき $\alpha = 0.01$であるので自由度 28 の t 分布表から, t =2.7633 が求まる. 検定統計量の実現値は,

$$t_0 = \sqrt{\frac{28 \times 0.47^2}{1 - 0.47^2}} \approx 2.4489$$

となり, $-t < t_0 < \mathrm{t}$ であるから, 帰無仮説は採択される. したがって, 有意水準1%で, 相関があるとはいえない.

第３章　Rによるデータ処理

３・１　Rの概要

３・１・１　Rとは

R は統計計算とそのグラフィクス用のプログラミング言語であり，開発環境がフリーソフトウェアとして提供されるため，世界的に広く用いられている．この言語は1990年代前半にニュージーランドのオークランド大学のロバート・ジェントルマンとロス・イハカによって作成されたもので，1997 年からは R 開発コアチームによって開発が継続されている(1)．

R 言語の特徴は，まずフリーでインターネットを通じて容易に入手できることで，CRAN(Comprehensive R Archive Network)(2)には R のソースコードのほかにも，パッケージやマニュアル類が整備されている．そのほかにも，ウェブサイト上には，使用や開発の参考になる豊富な情報があり，大変便利である．そのようなサイトの例として，RjpWiKi を挙げる(3)．このサイトの Tips 紹介は役立つ“ヒント”や“コツ”などが満載で，R を使いながら疑問点が生じたときに参照することができる．これ以外にも，「ウェブ教科書」(4)などの自学自習用のサイトもあり，初歩から学ぶことも可能である．

統計計算やグラフィクスの関数の充実はもちろんであるが，Excel などの表計算ソフトウェアと異なり，利用者が関数を作成することのできるプログラミング言語である点も大きな特徴である．R に標準で用意されていない関数でも，自作することにより，様々な計算を行うことが可能となる．したがって，R を十分に使いこなすためには，プログラミングの基礎的な知識が必要となる．

また，種々のデータ型が用意されており，ベクトルや行列のような構造をもつデータ型を用いて，一括計算をうまく使えば，面倒な繰り返しを書くことなく処理を行うことができる．さらに，Excelとの間でデータの入出力ができるので，Excelで作成したデータについて，Rで分析を行うという利用法も可能である．

3・1・2　Rのインストール

Rのインストールは次のようにして行う．まずはRのソフトウェアをダウンロードする必要があり，インターネットでCRANのサイトから，実行形式ファイルR-3.2.2-win.exeを入手する(R-3.2.2は2015年11月4日時点での最新版)．ただし，ここではMicrosoft　Windows　OSで実行する場合についてのみ記述するが，LinuxやMac OSの場合も同様である．ダウンロードしたファイルはセットアップファイルになっており，これを実行してインストールを行う．以下に，これらの手順を示す．

（1）Rのダウンロードおよびインストールのしかた

①まず，CRANサイト（https://cran.r-project.org/）にアクセスし，そのページ上部の「Download R for Windows」をクリックする．

②R for Windowsのページへ移動するので，「base」をクリックする．

③R-3.2.2 for Windows (32/64bit)のページへ移動するので，「Download R 3.2.2 for Windows」をクリックする．すると，R-3.2.2-win.exeという名前の実行形式ファイルのダウンロードが開始される．

④ダウンロードが済んだら，このR-3.2.2-win.exeはセットアップファイルになっているので，そのアイコンをクリックするとインストールが始まる．

図3・1・1　セットアップウィザードの開始

⑤初めに，インストールに使用する言語の選択が出てくるので，日本語を選択し，「OK」をクリックすると，図３・１・１のセットアップウィザードの開始ウィンドウが開く．セットアップを続行するには，すべてのアプリケーションを終了して，「次へ(N)>」をクリックする．

⑥次に，図３・１・２のウィンドウ内の情報を読み，「次へ(N)>」をクリックする．

⑦すると，図３・１・３のウィンドウが開くので，Rをインストールするフォルダを指定する．ここでは，そのまま変更しないものとして，「次へ(N)>」をクリックする．

⑧図３・１・４のコンポーネントの選択ウィンドウにおいて，インストールするコンポーネントを選択する．ここでは，そのまま変更なしとして，「次へ(N)>」をクリックする．

⑨図３・１・５の起動時のオプシ

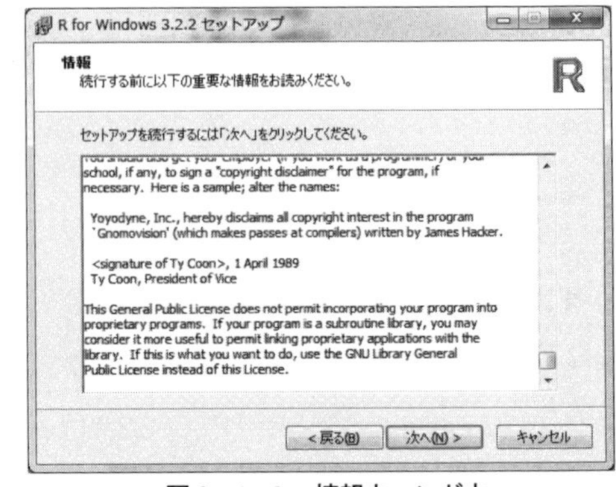

図３・１・２　情報ウィンドウ

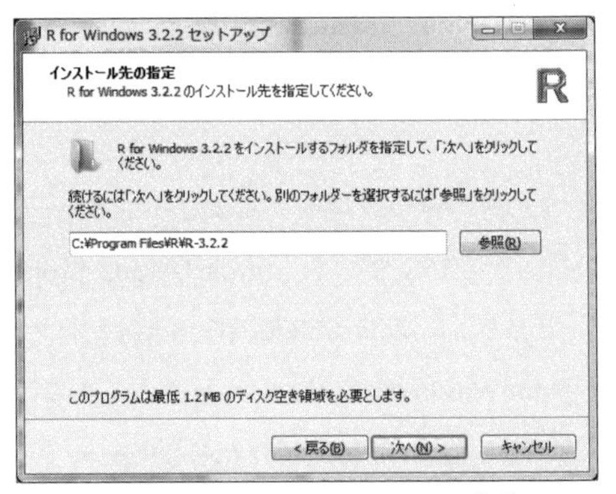

図３・１・３　インストール先の指定

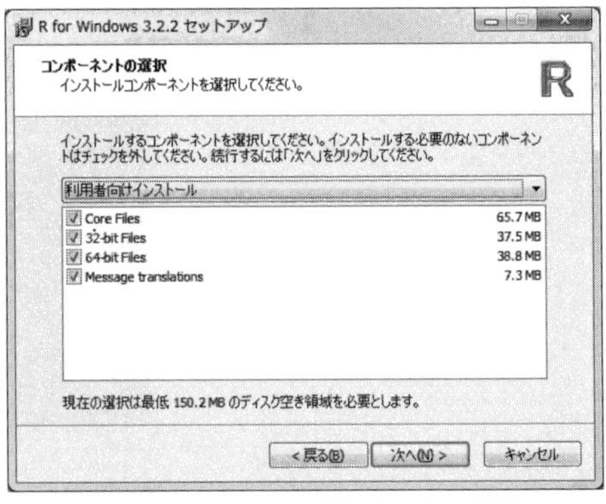

図３・１・４　コンポーネントの選択

ョンウィンドウにおいて，カスタマイズするかどうか尋ねてくる．ここではデフォルトのままとして，「いいえ」にチェックがあることを確認して，「次へ(N)>」をクリックする．

⑩図3・1・6のプログラムグループの指定ウィンドウが開き，ここではそのままとして，「次へ(N)>」をクリックする．

⑪続いて，図3・3・7の追加タスクの選択ウィンドウが開き，ここではデフォルトのままとして，「次へ(N)>」をクリックする．

⑫すると，図3・1・8のインストール状況ウィンドウが開き，ファイルの展開の進み具合が表示される．

⑬最後に，図3・1・9のセットアップウィザードの完了ウィンドウが表示されるので，「完了(F)>」をクリックして，インストール完了となる．

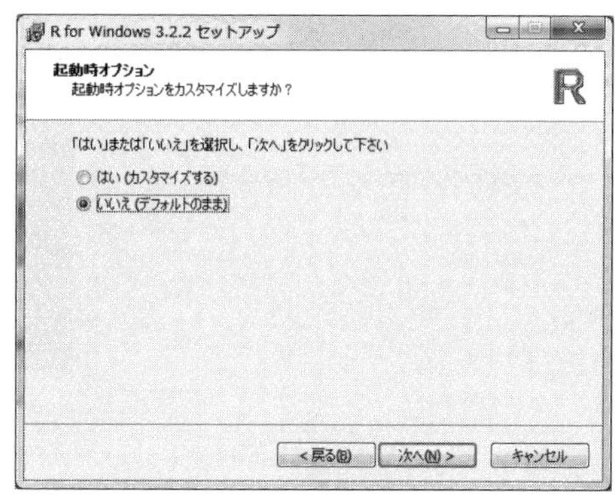

図3・1・5　起動時のオプション

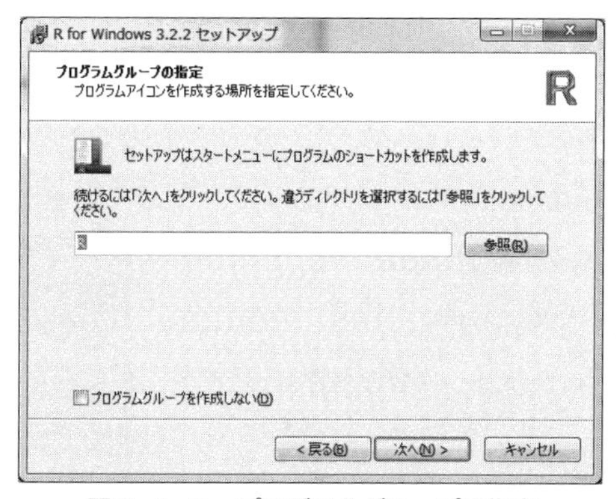

図3・1・6　プログラムグループの指定

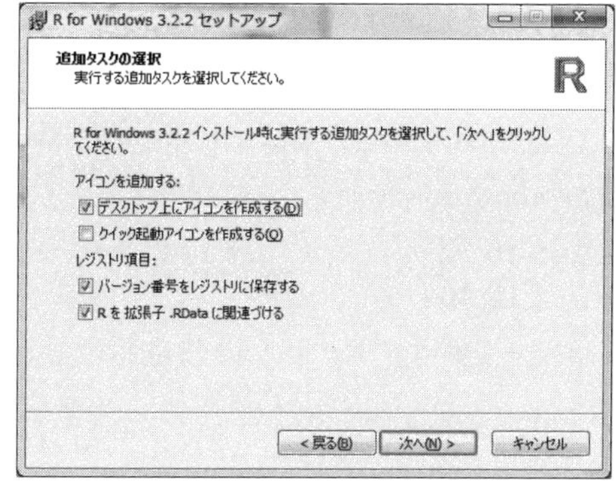

図3・1・7　追加タスクの選択

図3・1・8 インストール状況　　図3・1・9 セットアップウィザードの完了

3・1・3 Rの簡単な使い方

インストールが完了すると，デスクトップ上にRのアイコンが作成されているので，それをダブルクリックすればRが起動する．すると，図3・1・10に示すRGuiウィンドウが開き，その中の左上にRコンソールと呼ばれるウィンドウが配置されている. Rコンソール内では，プロンプト>が表示され，コマンド入力待ちの状態となっている.

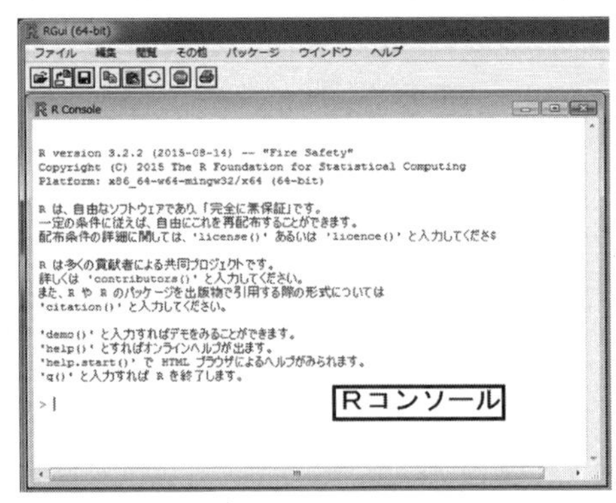

図3・1・10 Rの起動時のウィンドウ(RGui)

例えば，10の2乗の計算をする場合は，次に示す使用例のように，>の後に続けて10^2と入力して，Enterキーを押せば，計算結果100が表示される.

```
>10^2                    #10の2乗
 [1] 100
```

なお，上記例で記号#はコメントを付ける命令であり，#の後から行末まではコメント文と見なされる. Rコンソール内のコマンドはキーボードの↑キーによって履歴を呼び出すことができるので，同じコマンドを入力する際には便利である.

R を終了するには，RGui のメニューにおいて，「ファイル」をクリックして「終了」を選択するか，または，R コンソール内において，>の後に続けて **q()** と入力して，Enter キーを押せばよい．その際，作業スペースを保存するかどうか質問されるので，現在の状態を保存して終了するならば「はい」，特に必要なければ「いいえ」を選択する.

３・１・４　四則演算と変数

（１）算術演算子

R での算術演算には，表３・１・１に示す演算子を使用する，これらの使用例を以下に示す.

```
> 10 + 20          # 加算
  [1] 30
> 10 - 20          # 減算
  [1] -10
> 10 * 20          # 乗算
  [1] 200
> 10 / 20          # 除算
  [1] 0.5
> 10 ^ 2           # べき乗
  [1] 100
```

表３・１・１　算術演算子

演算	演算子
加算	+
減算	−
乗算	*
除算	/
べき乗	^

（２）代入演算子

変数への値の代入には，演算子 **<-** （半角の小なり記号と半角のマイナス記号）を用いる．読者の見やすさを考慮して，本書の使用例では，この演算子を下記のように←を用いて表示しているので注意してほしい．変数 x へ 20 を代入するには，次のようにする（変数名については，本文中では斜体で記述する）.

```
> x ← 20           # 代入
```

変数の値を出力するためには，R コンソール上で x と書けば，

```
> x
```

```
[1] 20
```

と出力される．データの出力を行うための関数 **print** を用いて

```
>  print(x)
   [1] 20
```

としてもよい（なお，書式付出力を行いたい場合は **sprintf** を用いる）．代入操作と出力を同時に行うには，

```
>(x ← 20)
   [1] 20
```

のように代入文を()で囲めばよい．

3・1・5　ベクトルとデータフレームの使い方

（1）ベクトル

R では，複数の値をまとめてベクトルとし，それを別の関数に渡して処理されることがよくある．そのベクトル化をするために，関数 **c** が用いられる（**関数**とは，後述するが，与えられたパラメータを用いて何らかの処理を行う命令あるいはプログラムのことである）．

```
>x ← c(4,9,16,25)            #4つの値をベクトルにして，x に代入
>x
  [1]  4  9 16 25 36
>y ← c("mango","papaya")     #2つの文字列をベクトルにして，y に代入
>y
  [1] "mango" "papaya"
```

この関数により，数値や文字列などの複数の値をまとめて１つのベクトルとすることができる．ここでは，それを変数として扱うために，代入を行っている．

（2）データフレーム

データフレームは，基本的には複数のベクトルを列ごとに並べて構成したものと考えることができる．データフレームを構成するために，関数 **data.frame** が用意されており，次のような形式で利用される．

デ―タフレーム名 ← data.frame (変数ベクトル 1,変数ベクトル 2, …)

この関数の使用例として，学生 5 名の物理と数学の得点を取り扱う場合について説明する．学生 5 名の物理と数学の得点を，それぞれ関数 c によりベクトル化して変数pおよびmに代入し，関数 data.frame を用いてデータフレームdfを作成した例を次に示す．

```
> p ← c ( 84 , 73 , 88 , 77 , 75 )        # 5 名の物理の得点を変数 p に代入
> m ← c ( 78 , 85 , 82 , 69 , 72 )        # 5 名の数学の得点を変数 m に代入
> df ← data.frame ( p , m )              # 5 名の得点をデータフレーム化
> df                                     # df を表示（p と m は要素名を表す）
     p   m
 1  84  78
 2  73  85
 3  88  82
 4  77  69
 5  75  72
```

このように，data.frame 関数の引数に指定された変数pおよびmの値が，それぞれデータフレームdfの 1 列目および 2 列目に格納されていることがわかる．上記のdfの表示例において，pおよびmはdfの要素名を表し，dfの各行には行番号が表示されている．

データフレーム要素の参照には，次のような表現が利用できる．

```
データフレーム名[ 行番号, 列番号 ]    # 指定行の指定列の要素を参照
データフレーム名[, 列番号 ]           # 指定列の要素をすべて参照
データフレーム名[ 行番号,]            # 指定行の要素をすべて参照
データフレーム名$要素名               # 指定要素名の要素をすべて参照
```

次に，先に作成したdfについて，この参照の例を示す．

```
> df [ 1 , 1 ]              # df の 1 行 1 列目を参照
  [1]  84
> df [ , 1 ]                #df の 1 列目を参照
  [1]  84 73 88 77 75
> df [ , 2 ]                # df の 2 列目を参照
  [1]  78 85 82 69 72
> df [ 1 , ]                #df の 1 行目を参照
```

```
    p   m
  1 84 78
 > df [ 3 , ]                #dfの３行目を参照
    p   m
  3 88 82
 > df$p                      #dfの１列目を要素名pを使って参照
  [1]  84 73 88 77 75
 > df$m                      #dfの２列目を要素名mを使って参照
  [1]  78 85 82 69 72
```

ここでは，関数 data.frame を用いて学生５名分の物理と数学の点数データを表す変数dfを作成したが，ベクトルを結合する関数 cbind（後述する）により次のようにして作成してもよい．

```
> p ← c ( 84 , 73 , 88 , 77 , 75 )
> m ← c ( 78 , 85 , 82 , 69 , 72 )
> df ← cbind ( p , m )
> df ← data.frame ( df )
```

本書では用いないが，関数 **matrix** を用いるとベクトルから行列を作成することができる．例えば，９個の要素をもつベクトルaが

```
> a ← c ( 1 , 3 , 0 , 0 , 1 , 2 , 2 , 1 , 5 )
```

と与えられたとき，

```
> A ← matrix ( a , 3 , 3 )
> A
        [,1]  [,2]  [,3]
  [1,]    1     0     2
  [2,]    3     1     1
  [3,]    0     2     5
```

となって，１列目から順に３列目まで３個ずつデータが並べられて，行列となっている．このとき，ベクトルbとして

```
> b ← c ( 3 , 6 , 9 )
```

を与え,

```
>solve(A,b)
  [1] 1 2 1
```

とすれば，連立方程式$Ax = b$の解xが得られるので大変便利である．なお，変数Aについて，Rでは大文字と小文字が区別されるので，変数aとは異なる変数となる．

3・1・6　乱数の作成法

第2・1・2項において述べたとおり，Rでは擬似乱数を発生させることができ，様々な確率分布に従った乱数を発生させる関数が用意されている．

まず，一様乱数を発生させるためには関数**runif**を用いて

```
>runif(10,min=0,max=1)
  [1]  0.1703019   0.8995597   0.4859696   -0.4202407   -0.2081294
       -0.6507429
  [7]  0.5199936   -0.6281506  0.7973740  -0.8503107
```

とすればよい．ここで第1パラメータは発生させる個数であり，minとmaxは発生させる数値がこれらの範囲であることを示している．数値の範囲は省略可能でデフォルトは0と1となっている．

次に，標準正規分布に従う乱数は関数**rnorm**を用いて，次のようにして発生させる．

```
>rnorm(10,mean=0,sd=1)
  [1]  0.09734251 -0.98303058  0.66572729 -0.81773687  1.81151953
       - 0.17880621
  [7]  -0.23186435  0.14439979  0.71751907 -1.19916654
```

この場合，平均と標準偏差をそれぞれmeanとsdに指定する．"mean=", "sd="を省略してrnorm(10,0,1)と記述することもできる．先のrunifの場合も同

様に，runif　(10,0,1)としてもよい．

これらのほかにも，様々な確率分布に従う乱数を発生させる関数があるが，それらの関数は先頭に r の文字を付けた，r***という関数名で，***の部分は確率分布名となる（第３・４・１項参照）．

乱数は当然，関数を実行するたびに毎回異なった値が得られるが，もし前回と同じ値が必要であれば，同じ乱数の種を **set.seed** によって設定すればよい．例えば，一様乱数の場合は次のようになる．

```
> set.seed(1)
> runif(4)
  [1] 0.2655087  0.3721239  0.5728534  0.9082078
> set.seed(1)
> runif(4)
  [1] 0.2655087  0.3721239  0.5728534  0.9082078
```

３・１・７　作業ディレクトリの設定

例として，USB メモリ内のディレクトリを作業ディレクトリとする場合について説明する．ここで，USB メモリをコンピュータに接続したとき，H ドライブになったとしよう．

H ドライブの直下に RWork という名前のディレクトリ（すなわち，H:¥RWork）を作業ディレクトリとする場合は，以下のように設定する．

①エクスプローラで，H ドライブの直下に RWork という名前でディレクトリを作成する．

②RGui の「ファイル」メニューを選択し，「ディレクトリの変更」を選択する．図３・１・１１の作業ディレクトリの変更ウィンドウが開くので，H ドライブをクリックし，その中の RWork をクリックし，「OK」をクリックする．

③R コンソール上で，現在の作業ディレクトリを確認するには，関数 **getwd** を

図3・1・11　作業ディレクトリの変更ウィンドウ

利用して，次のようにHディレクトリ直下のRWorkであることが確認できる．

```
> getwd ()              # 現在の作業ディレクトリの表示
  [1] "H:/RWork"
```

3・1・8　関数の使い方

Rには数や文字を扱う関数や，統計処理を行うものなど豊富な関数が用意されている．主な算術関数を表3・1・2に挙げる．例として，次の関数を使用してみる．

```
> x ← c(4,9,16,25,36)
> mean (x)
  [1] 18
> sqrt (x)
  [1]  23  4  5  6
```

meanは平均値，**sqrt**は（正の）平方根を求める関数であるが，前者は5つの値から1つの

表3・1・2　主な算術関数

関数名	処理の内容$f(x)$
sin	$\sin(x)$
cos	$\cos(x)$
tan	$\tan(x)$
log	$\log(x)$
log10	$\log_{10}(x)$
log2	$\log_{2}(x)$
exp	e^{x}
round	四捨五入
trunc	小数点以下切捨て
abs	絶対値
sqrt	平方根

平均値を求め，後者はベクトルの各要素に対する平方根の値を求めている．このように，関数を利用する場合は，返される値（戻り値）がどのような値になるか注意する必要がある．

Ｒで用意された関数以外にも，ユーザーが任意の処理を行うための関数を自作することもできる．この関数は，RGuiの「ファイル」メニューから,「新しいスクリプト」を選択すると図３・１・１２のようなエディタ画面が開くので，この画面上で作成する．

図３・１・１２　エディタ画面

自作した関数の例を次に示す．

```
jisaku ← function （ x,y ） {          #関数名 jisaku，引数x，yで定義
  z ← x*y                              # xとyの積をzに代入
  return ( z )                         # zの値を戻り値とする
 }
```

結果の値を実行側に戻すには**return** 文を用い，もしそれが複数個あれば

```
return ( list ( 変数 , 変数 ,..., 変数 ) )
```

と，**リスト**にすればよい．ベクトルや行列は同じ型（整数や実数，文字など）のデータを１つにまとめたもの（構造）であるが，リストは異なる型や構造のデータを１つにまとめることができる．データの型を調べるには，関数 **typeof** を用いるとよい．

```
> x ← 1
> typeof ( x )
  [1] "double"
> y ← "a"
> typeof ( y )
```

```
[1]  "character"
```

入力し終わったら，拡張子“.R”を付けて，例えば“jisaku.R”というファイル名で保存する．作成した関数は，RGui の「ファイル」メニューから，「スクリプトを開く」を選択して，R コンソール上に読み込んで利用することができる．**スクリプト**とはＲで実行するためのプログラムと考えてよい．なお，スクリプトとしては，関数だけでなく一般の命令も保存しておくことができるので，何行にもわたる命令や，後で使用するために残しておきたい場合などに限らず，なるべくスクリプトとして保存して実行した方がよい．

次に，関数 jisaku の使用例を示す．

```
> source ( "jisaku.R" )          # ファイル jisaku.R の読み込み
> jisaku                          # 関数 jisaku の定義を表示
  function ( x , y ) {
     z ← x * y
     return( z )
  }
> jisaku ( 2 , 3 )                # 関数 jisaku に引数 2 と 3 を渡し実行
  [1] 6
```

ここでは，関数 **source** を利用して作業ディレクトリから読み込みを行っているが，その他の読み込みの方法として，RGui の「ファイル」メニューを選択し，「R コードのソースを読み込み」を選択して，ソースファイルの選択ウィンドウを開き，そこから作成した関数を指定する方法もある．

source を実行すると，指定したファイルが読み込まれ，実行形式に変換される．このとき，作成した関数に文法的な間違いなどがあればエラーが出るので，エディタ画面に戻って修正して，上書き保存して再度 source を実行する．エラーが出なければ，関数名に引数を与えて実行できる．引数がない場合は，関数名()とする．

関数を自作することにより，R に用意されていない計算や処理，あるいは要求に沿ってカスタマイズされた処理を行うことができる．R はそのための機能

も十分に備えており，この意味でプログラム言語と考えることができる．ここでは，**if** 文と **for** 文を使用した関数の例を示す．

```
jisaku1 ← function ( x ) {
   n ← length ( x )                # ベクトル x の要素の個数
   nm ← 0 ; np ← 0 #  初期値（；は命令文の区切り）
   for ( i in 1 : n ) {      # for 文で，制御変数 i が 1 から n まで繰り返す
     if ( x [ i ] >= 0 )   # if 文で，要素が 0 以上かどうか判断
        np ← np + 1
     else
        nm ← nm + 1 }
   return ( list ( nm , np ) )   # 結果を返す
}
```

この関数はベクトル変数xに与えられた数値のうちの，負の数と 0 以上の数のそれぞれの個数を求めるもので，"jisaku1.r"のファイル名で保存した後に実行すると次のようになり，それぞれの個数，4 個と 3 個が得られる．

```
> source("jisaku1.r")
> x ←c (−1 , 4 ,−9 , 16 ,−25 , 36 ,−49 )
> jisaku1 ( x )
> [[1]]
> [1] 4
> [[2]]
> [1] 3
```

ここで，出力結果の[[1]]や[[2]]の表記はリストの要素であることを表している．この関数では for 文と if 文を使用して処理を行っているが，実際には同じ処理を R では次のようにして行うことができる．

```
> length ( x [ x >= 0 ] )
```

このように，Rの関数はC言語などの高級プログラミング言語とほとんど同様に記述することができるが，プログラミングについての詳細はRのhelp機能（**help**(命令名)とする）や，Web上の情報あるいは関連参考書などにあるのでそれらを参照して行ってほしい．Rではベクトルを対象とした演算命令を用いることができるので，統計処理などの計算には便利であり，これは他のプログラミング言語に比べてRを使用することのメリットの１つである．

３・１・９　データの入出力

ここでは，ExcelのCSV形式のデータファイルをRで入出力する方法を紹介する．これを行うためには，まず，データファイルの格納場所を指定するための作業ディレクトリを設定しておく必要がある（第３・１・７項参照）．RにCSV形式のデータファイルを取り込む場合は，Rの作業ディレクトリの直下に，そのファイルが保存されていなければならない．

ここでは，例として，表３・１・３に示すような，学生5名の物理と数学の得点を取り扱う場合について説明する．

①まず，Excelで表３・１・３のデータを入力する．ここでは，ファイル名をscore.csv，保存場所は既に説明した作業ディレクトリをRWorkとして，CSV形式で次のようにして保存する．Excelメニューの「名前を付けて保存」で，ディレクトリとしてRWorkを選択する．ファイル名はscoreと入力し，ファイルの種類は「CSV（カンマ区切り）」にして，「OK」をクリックすると完了する．

表３・１・３　物理と数学の点数

物理	数学
84	78
73	85
88	82
77	69
75	72

②次に，Rコンソール上で作業ディレクトリの確認と，そのディレクトリ内に①で作成したscore.csvのファイルがあるかどうかを，次のように確認する．

```
> getwd ( )                    # 現在の作業ディレクトリの表示
  [1] "H:/RWork"
```

```
> list.files ()          #  作業ディレクトリ内のファイルの一覧を表示
  [1] "score.csv"
```

③そこで，次のように **read.csv** 関数の引数にファイル名"score.csv"を指定することで，変数$data$にCSVデータファイルを取り込むことができる．実際にそれが取り込まれているかどうかは，変数名$data$を入力してEnterキーを押すことにより確認できる．

```
>data ← read.csv("score.csv")     # 変数dataにデータの読み込み
> data                            # 変数dataの中身を表示
   物理  数学
 1   84    78
 2   73    85
 3   88    82
 4   77    69
 5   75    72
```

変数$data$に英語の成績を付け加えて3列のデータとしたい場合は，例えば5人分の英語の点数が順に89，76，90，65，80であれば，次のようにするとよい．

```
> eigo ← c ( 89 , 76 , 90 , 65 , 80 )
> data1 ← cbind ( data , eigo )
> data1
    物理  数学  eigo
 1   84    78    89
 2   73    85    76
 3   88    82    90
 4   77    69    65
 5   75    72    80
```

このように，関数 **cbind** で列の追加を行うことができ，同様に行の追加は関数 **rbind** で行う．列名のeigoを変更するには関数 **colnames** を用いて，

```
> colnames ( data1 ) ← c ( "物理" , "数学" , "英語" )
```

```
> data1
     物理  数学  英語
  1   84    78    89
  2   73    85    76
  3   88    82    90
  4   77    69    65
  5   75    72    80
```

とする（colnames (data1)[3] ← "英語"でもよい）．同様に，行名の変更は関数**rownames**で行う．

次に，前述の変数$data$に入っているデータを，CSV形式で保存する場合について説明する．この処理を行うには，**write.csv**関数の引数に，CSVファイル形式で出力したい変数名（ここでは$data$）と出力ファイル名（ここでは result.csv）を指定する．結果的に出力ファイルは，作業ディレクトリ内に保存される．以下に，この場合における write.csv 関数の使用例を示す．

表３・１・４　result.csv の中身

	物理	数学
1	84	78
2	73	85
3	88	82
4	77	69
5	75	72

```
> data                              # 変数 data の中身を表示
     物理  数学
  1   84    78
  2   73    85
  3   88    82
  4   77    69
  5   75    72
>write.csv(data,"result.csv")       # data の中身を result.csv で保存
> list.files ( )                    # 作業ディレクトリで確認
[1] "score.csv"  "result.csv"
```

なお，result.csv の中身を Excel で開いて確認すると，表３・１・４のように出力される．このように，表３・１・３に行番号の列が１列追加された形式で出力

されることがわかる.

もし, 表３・１・３のように, 行番号なしで出力させたい場合は, オプション row.names = FALSE を付け, 次のようにする.

```
> write.csv ( data, "result.csv" , row.names = F , append = F )
```

ここで, F は FALSE の省略形のことである. また, append = F は, result.csv に上書きするオプションである.

３・１・１０　Ｒのデータセット

R には豊富なデータセットが用意されており(5), サンプルデータなどに用いることができる. どのようなデータセットがあるかは

```
> data ( )
```

とすると調べることができ, 図３・１・１３のように表示される.

ただし, この図の画面は表示の一部を示すものである. 中でも, iris と名付けら

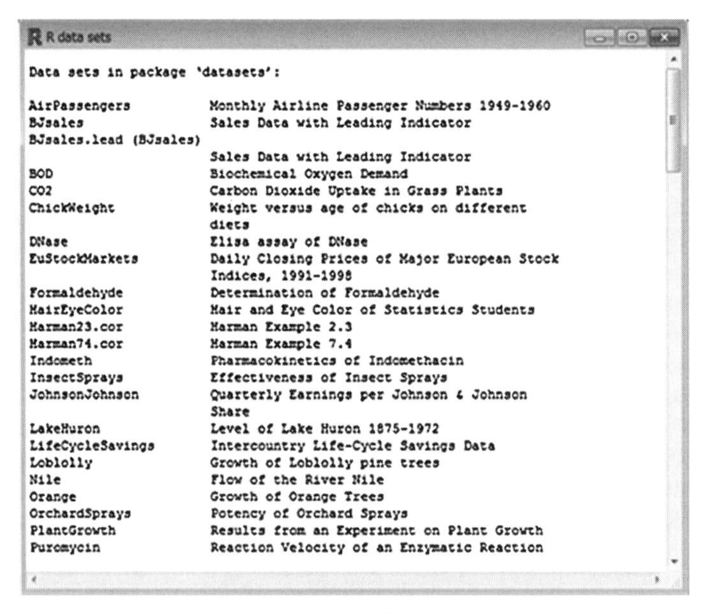

図３・１・１３　Ｒのデータセット

れたデータセットは例としてよく取り上げられる．このデータセットはアヤメ（iris）の花のがく片（sepal）の長さと幅，花弁（petal）の長さと幅，種（species）のデータを 150 個集めたもので，

```
> head ( iris , 10 )
   Sepal.Length  Sepal.Width  Petal.Length  Petal.Width  Species
1           5.1          3.5           1.4          0.2   setosa
2           4.9          3.0           1.4          0.2   setosa
3           4.7          3.2           1.3          0.2   setosa
4           4.6          3.1           1.5          0.2   setosa
5           5.0          3.6           1.4          0.2   setosa
6           5.4          3.9           1.7          0.4   setosa
7           4.6          3.4           1.4          0.3   setosa
8           5.0          3.4           1.5          0.2   setosa
9           4.4          2.9           1.4          0.2   setosa
10          4.9          3.1           1.5          0.1   setosa
```

のようなデータである．ここで，関数 **head** は先頭から指定された個数出力する際に用いる．同様に，後ろからいくつかだけ出力するには関数 **tail** を用いる．R のデータセット（文献 5）は英文表記でわかりにくいので，日本語で簡単な説明を加えてある Web ページとして文献（６）を紹介する．表３・１・５にも，アルファベット順に，データ名と内容を，いくつか例として挙げた．

表３・１・５ Rのデータセットの例

データセット名	内　　容
AirPassengers	The classic Box & Jenkins airline の 1949 年から 1960 年までの月ごとの国際航空乗客数
airquality	1973 年 5 月から 9 月のニューヨークの日ごとの大気質測定
attenu	カリフォルニアにおける 23 の地震のいくつかの観測地点におけ

	る最大加速度
cars	1920年代に記録された自動車の速度と制動距離
ChickWeight	ひよこの早期成長に関する食餌の影響
discoveries	1860年から1959年までの偉大な発明と科学的な発見の数
eurodist	ヨーロッパの21の都市間の道路距離（km）
HairEyeColor	統計学の学生522人の髪と目の色と性別の分布
islands	10000平方マイル以上の島や大陸の面積（千平方マイル）
LakeHuron	1875年から1972年までの年ごとのヒューロン湖の水位の測定値
nhtemp	1912年から1971年までのコネチカット州ニューヘイブンの年平均気温（華氏）
Nile	1871年から1970年までのナイル川のアスワンでの年間流量
Orange	オレンジの木の成長の記録
precip	USおよびプエルトリコの70都市の平均降雨量
rivers	北アメリカの主要な141の川の長さ
sleep	10人の患者に対する睡眠薬の効果
state	アメリカの50州に関するデータセット
sunspot.year	1700年から1988年までの年間の太陽の黒点数
Titanic	タイタニック号の乗客の運命に関する情報
ToothGrowth	モルモットの歯の成長へのビタミンCの効果
trees	31本の倒れたブラックチェリーの木に関する測定値
eurodist	ヨーロッパの21都市間の道路距離
UScitiesD	アメリカの10都市間の直線距離
uspop	アメリカの1790年から1970年までの10年ごとの人口調査のデータ
women	アメリカの30歳から39歳までの女性の平均身長と体重
WorldPhones	世界の地域ごとの電話台数

3・2　基本統計量の計算とグラフ作成

3・2・1　基本統計量の計算

R で**基本統計量**を計算する方法について述べる．基本統計量とは，与えられたデータの基本的な特徴や性質を表す量のことであり，大きく分けてデータを1つの値で代表して表す**代表値**と，データのばらつきの度合いを表す**分布度**の

2 種類に分けられる．

まず代表値の 1 つである平均値は，コンソール上で関数 mean を用いて次のように求めることができる．

```
> x ← c ( 70, 60, 55, 62, 84)
> mean ( x )
  [ 1 ]   66.2
```

ここで関数 c は複数の値をベクトル化する際に用いるもので R ではよく使われる（第 3・1・5 項参照）．

主な代表値を求める関数を表 3・2・1 に示す．平均値の計算は合計の関数 **sum** とデータの個数を求める関数 **length** とを用いて，次の計算により求めることもできる．

```
> sum ( x ) / length ( x )
  [ 1 ]   66.2
```

表 3・2・1　主な代表値の関数

代表値	関数名
平均	mean
中央値（メディアン）	median
総和	sum
最大値	max
最小値	min

次に，分布を求める．データの分布を表す分布度の代表的な値である分散は次のようにして得られる．

```
> var ( x )
  [ 1 ]   128.2
```

ただし，この値は不偏分散の値であることに注意が必要である．計算で求めるには次のようにする．

```
> sum ( ( x – mean ( x ) ) ^ 2 ) / (length ( x ) – 1)
  [ 1 ]   128.2
```

したがって，標本分散を求めるには

```
> sum ( ( x – mean ( x ) ) ^ 2 ) / length ( x )
  [ 1 ]   102.56
```

とすればよい．表３・２・２に主な分布度を求める関数を示す．関数 **range** はデータの範囲を求めるものであり，

表３・２・２　主な分布度の関数

分布度	関数名
分散	var
標準偏差	sd
範囲	range
四分位数	quantile

```
> range ( x )
  [1]  55  84
```

のように，与えられたデータの最小値と最大値が得られる．関数 **quantile** は四分位数を求めるもので，データを小さい順に並べて 4 等分したときの第 0 番目から第 4 番目までの値が得られる．第 2 四分位数は中央値(**median**)と一致する．

```
> quantile ( x )
  0%   25%   50%   75%   100%
  55    60    62    70     84
> median ( x )
  [1]  62
```

３・２・２　ヒストグラムの作成

データの分布の様子を表すためによく用いられる**ヒストグラム**（柱状図）は，R では簡単な命令により作成することができる．例えば，表３・２・３のデータはある大学で統計学の試験をしたときの 20 人分の点数である．このとき，関数 **hist** を用いて

表３・２・３　ある大学の統計学の試験の点数

69	62	85	75	68
81	90	72	82	66
79	85	90	84	90
84	64	93	70	88

```
> x ← c ( 69,62,85,75,68,81,90,72,82,66,
  79,85,90,84,90,84,64,93,70,88 )
> hist ( x )
```

とすると，図３・２・１のようなヒストグラムが得られる．このグラフを見やすくするために，横軸と縦軸に軸名をそれぞれ，“点数”，“人数” と入れ，タイトルを “統計学の点数” とする．さらに人数を表す

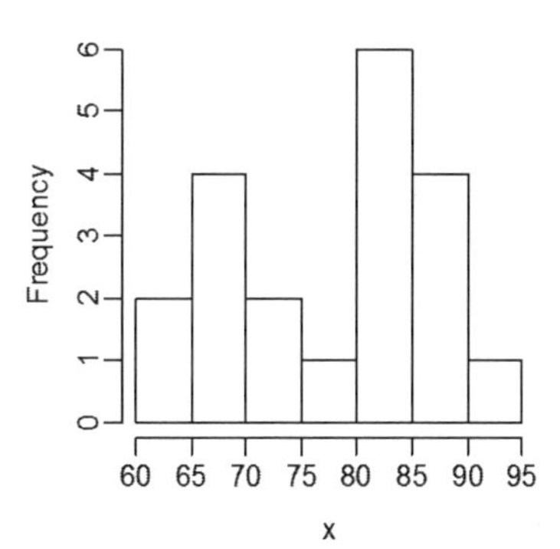

図3・2・1　表3・2・3のデータのヒストグラム

柱に緑色を付けたものが図3・2・2である（図面はモノクロであるが実際は緑色．グラフの色については以下同様にモノクロ表示となる）．そのためには，関数 hist に次のようなパラメータを指定すればよい．

```
> hist( x, xlab = "点数" , ylab = "人数" ,
  main = "統計学の点数" , col =
  "green" )
```

R で使用できる色名については関数 **colors** で調べることができ，

```
> colors ( )
```

とすれば，"white"に続いてアルファベット順に"aliceblue"から"yellowgreen"まで 657 個の色名が表示される．

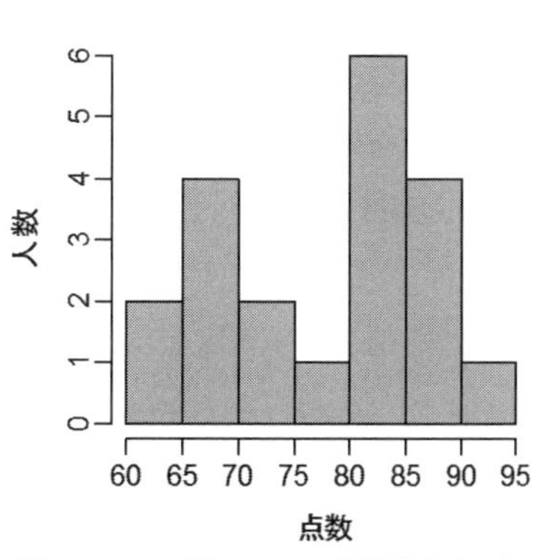

図3・2・2　図3・2・1を見やすくしたヒストグラム

グラフの階級幅を変えたいときには，

```
> hist ( x , breaks = seq ( 50 , 100 , length = 11 ) )
```

とすれば，50 点から 100 点までの範囲が 10 等分された階級幅のヒストグラムを描くことができる（図３・２・３）．ただし，軸名，グラフ名，色の指定は省略している．関数 **seq** は数列を生成するためのもので，例えば，

```
> seq(0,100,length=11)
  [1]  0 10  20  30  40  50  60
  70  80  90  100
```

は，0 から 100 までの間を等分割して 11 個の数列を生成する．

```
> seq(0,100,20)
  [1]  0  20  40  60  80  100
```

のように分割幅を指定することもできる．

ヒストグラムで，等間隔ではない階級幅を指定するには

```
> hist(x,breaks=c(20,40,60,65,80,
  90,100))
```

のようにするとよい（図３・２・４）．この場合は縦軸が確率密度表示になるので注意が必要である（確率密度は棒の面積の合計が 1 となるように計算される）．ここで，関数 c は既述のベクトル化の関数で，等間隔の場合は c(0,20,40,60,80,100) となるが，seq を用いて c(seq(0,100,20))と書くこともできる．参考までに，同じ値を複数個作成して 1 つのベクトル

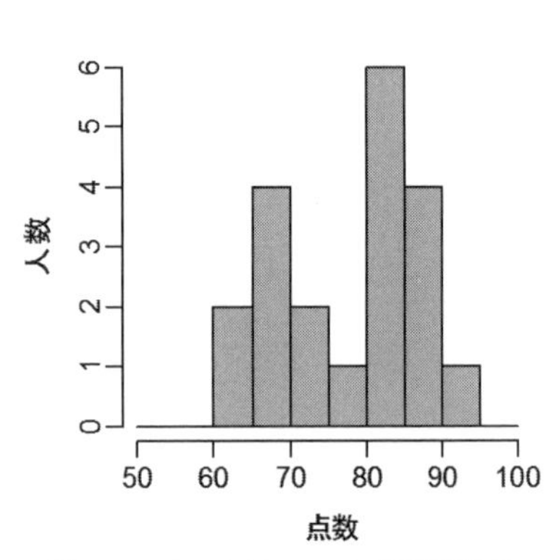

図３・２・３　図３・２・２の階級数を変更したヒストグラム

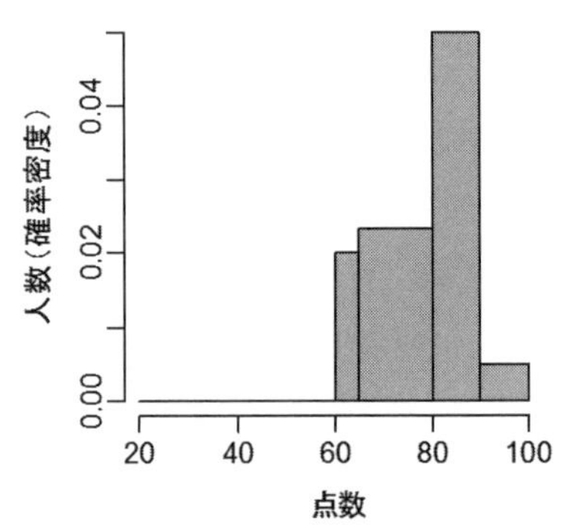

図３・２・４　階級幅を不均等に変更したヒストグラム

にする際には関数 **rep** を用いて,

```
>c(rep(0,10))
>[1]  0  0  0  0  0  0  0  0  0  0
```

次のように書けばよい.

以上見てきたように，データをヒストグラムに表すことにより，山型であったり，均一型であったりするその形状から，分布の様子を視覚的に知ることができる.

【問3・2・1】　表3・2・4は，あるクラスの男子学生15名の身長[cm]のデータである．このデータからヒストグラムを作成せよ．ただし，160[cm]から185[cm]の間に2.5[cm]ごとに10階級取ったグラフにすること（図3・2・5).

表3・2・4　例：あるクラスの男子学生の身長[cm]

176.1	172.3	165.3	168.9	177.8
180.2	173.7	163.9	170.2	174.3
169.0	176.1	171.3	175.6	168.2

［解］　次のようにすればよい.

```
>hist(x,xlab="身長[cm]",ylab="人数",
  main="クラスの男子学生の身長",col=
  "green",breaks=seq(160,185,length=
  11))
```

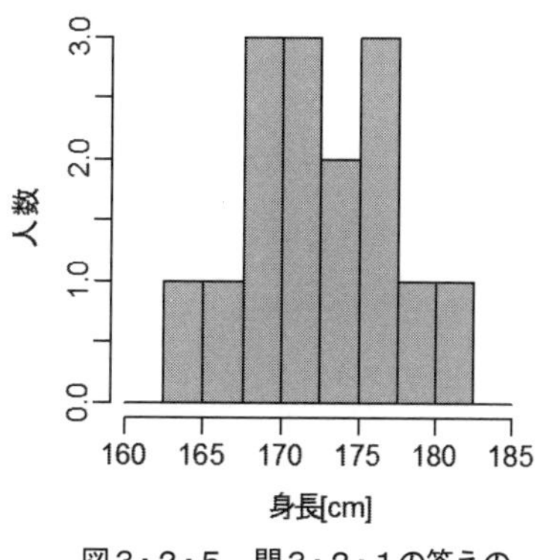

図3・2・5　問3・2・1の答えのヒストグラム

この問3・2・1のデータを例に取り上げて，ヒストグラムから**度数分布表**を作成してみる[7]．関数histを呼び出すと，戻り値として階級や度数のデータが得られ

```
>hst ← hist(x,xlab="身長[cm]",ylab
  ="人数",main="クラスの男子
```

```
学生の身長", col = "green", breaks = seq ( 160 , 185 , length = 11 ) )
```

としたとき，それぞれ hst$breaks，hst$counts により参照することができる．身長のデータを引数 x で与えることにして，度数分布表を作成する関数 dosu を次のように作成する．

```
dosu ← function ( x ) {
  hst ← hist ( x, xlab = "身長[cm]" , ylab = "人数" , main = "クラスの男子
  学生の身長" , col = "green" , breaks = seq ( 160 , 185 , length = 11 ) )
  n ← length ( hst$counts )
  cat ( "          階級                    度数¥n" )
  for ( i in 1 : n ) {
    x1 ← format ( hst$breaks[ i ] , nsmall = 1 )
    x2 ← format ( hst$breaks[ i + 1 ] , nsmall = 1 )
    d ← formatC ( hst$counts[ i ] , digits = 4 )
    cat ( paste ( x1 , "～" , x2 , d , "¥n" ) )
    }
  }
```

ここで，**cat** は文字列を出力する際に用いる関数である．この関数 dosu を，次のようにして実行すると度数分布表が出力される．

```
> x ← (176.1, 172.3, 165.3, 168.9, 177.8, 180.2, 173.7, 163.9, 170.2,
  174.3, 169.0, 176.1, 171.3, 175.6, 168.2 )
> source ( "dosu.r" )
> dosu ( x )
        階級          度数
  160.0 ～ 162.5       0
  162.5 ～ 165.0       1
  165.0 ～ 167.5       1
```

167.5 ～ 170.0　3
170.0 ～ 172.5　3
172.5 ～ 175.0　2
175.0 ～ 177.5　3
177.5 ～ 180.0　1
180.0 ～ 182.5　1
182.5 ～ 185.0　0

ここで，関数 dosu はファイル名 "dosu.r"で保存されているものとする．関数内の format は数値の桁数を整えるもので，パラメータ nsmall により小数点以下の桁数を指定している．formatC は，パラメータ digits で指定された桁数に全体の桁数を合わせる関数で，数値の桁数が digits より小さい場合は前に空白が挿入される．関数内の for 文は，制御変数 i が 1 から n まで繰り返すものである（第3・1・8項参照）．

3・2・3　クロス集計表の作成

数値以外のデータを扱う場合は，ヒストグラムを作成することができない．このような際には，データの値の分類を行い，所属するカテゴリごとの個数を示す表を作成すると，データの特徴を把握しやすくなる．このような表のことを**クロス集計表**あるいは**分割表**という（第3・5・3項参照）．

例えば，9人の大学生について，その性別と所属する学部が理系か文系かを示すのが表3・2・5である．このとき，関数 **table** を用いれば性別，学部の文系・理系の別についてそれぞれの個数をカウントすることができる．以下に table の使用例を示すが，簡単のために，男性を m，女性を f，理系を r，文系を b と表示した．

表3・2・5　例：大学生の性別と理系・文系の別

性別	男性	男性	女性	男性	女性	女性	男性	女性	女性
学部	理系	文型	文型	理系	文系	理系	理系	理系	文系

```
> seibetsu ← c ( "m" , "m" , "f" , "m" , "f" , "f" , "m" , "f" , "f" )
> gakubu ← c ( "r" , "b" , "b" , "r" , "b" , "r" , "r" , "r" , "b" )
> table ( seibetsu )
  seibetsu
  f  m
  5  4
> table ( gakubu)
  gakubu
  b  r
  4  5
```

さらに，性別と理系・文系の別を組み合わせた表は次のようにして作成することができる．

```
> table ( seibetsu , gakubu )
          gakubu
  seibetsu  b  r
         f  3  2
         m  1  3
```

作成したクロス集計表の各行，各列の合計を付け加えてみる．それには，例のデータについて，次のようにするとよい．

```
> t ← table ( seibetsu , gakubu )
> sgoukei1 ← sum ( t [ 1 , ] )
> sgoukei2 ← sum ( t [ 2 , ] )
> t ← cbind ( t , c ( sgoukei1 , sgoukei2 ) )
> colnames ( t ) [ 3 ] ← "計"
> ggoukei1 ← sum ( t [ , 1 ] )
> ggoukei2 ← sum ( t [ , 2 ] )
```

```
> ggoukei3 ← sum ( t [ , 3 ] )
> t← rbind ( t , c ( ggoukei1 , ggoukei2 , ggoukei3 ) )
> rownames ( t ) [ 3 ] ← "計"
> t
     b  r  計
f    3  2  5
m    1  3  4
計   4  5  9
```

【問3・2・2】表3・2・6はある大学の学生の，語学系と社会学系の選択科目の選択状況を表したものである．この表について，クロス集計表を作成せよ．合計欄も付け加えること．

表3・2・6　例:選択科目の選択状況

語学	独語	中国語	仏語	独語	仏語	中国語	仏語
社会学	法学	経済学	経済学	法学	経済学	経済学	経済学

［解］例と同様にデータを作成して関数 table を実行すれば，次の結果が得られる．

```
     E  L  計
C    2  0  2
D    1  1  2
F    3  1  4
計   6  2  8
```

3・2・4　散布図の作成

散布図はデータの間の関係を図的に表すものである．例えば，表3・2・7はある大学のクラスの物理と数学の試験の 16 人分の点数である．表の点数は出席番号順に並んでいるものとする．散布図を描くには次のようにする．まず関数 c で物理のデータを変数 x に，数学を y に代入する．

表3・2・7　例:あるクラスの物理と数学の点数

物理：	84	73	88	77
	75	62	76	77
	29	71	52	72
	39	85	60	87
数学：	78	85	82	69
	72	70	81	90
	45	67	60	83
	66	97	73	86

＞x←c(84,73,88,77,75,62,76,77,29,71,52,72,39,85,60,87)

＞y←c(78,85,82,69,72,70,81,90,45,67,60,83,66,97,73,86)

次に，関数 **plot** を用いて

＞plot(x,y)

とすれば図３・２・６の散布図が得られる．ヒストグラムの場合と同様に横軸名と縦軸名およびグラフ名を記入することができる．さらに，プロットした点に色を付けるには，マーカーの形状を指定した上で，塗りつぶす色を指定する．主なマーカーの形状には表３・２・８のようなものがある．色名はパラメータ bg で指定する．

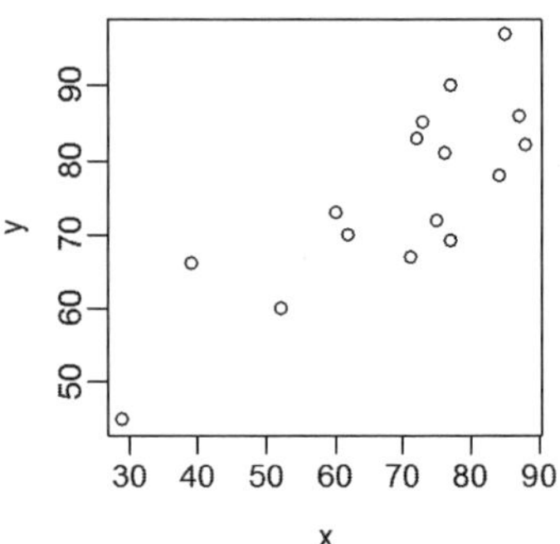

図３・２・６　表３・２・７の散布図

表３・２・８　おもなマーカーの形状

pch	21	22	23	24	25
形状	○	□	◇	△	▽

＞plot(x,y,xlab="物理",ylab="数学",

　main="物理と数学の点数",pch=21,bg="green",cex=2)

とすれば図３・２・７が得られる．ただし，cex はマーカーの標準の大きさに対する倍率を表している．マーカーの中にラベルを記入したい場合は，関数 **text** を用いて，

＞plot(x,y,xlab="物理",ylab="数学",

　main="物理と数学の点数",pch=21,

　bg="green",cex=3)

＞text(x,y)

とすればよい（図３・２・８）．

もし，軸の点数の下限と上限を変更して，0 点から 100 点までのグラフにしたい場合にはパラメータ xlim と ylim により次のように指定すると，図３・２・９のグラフ

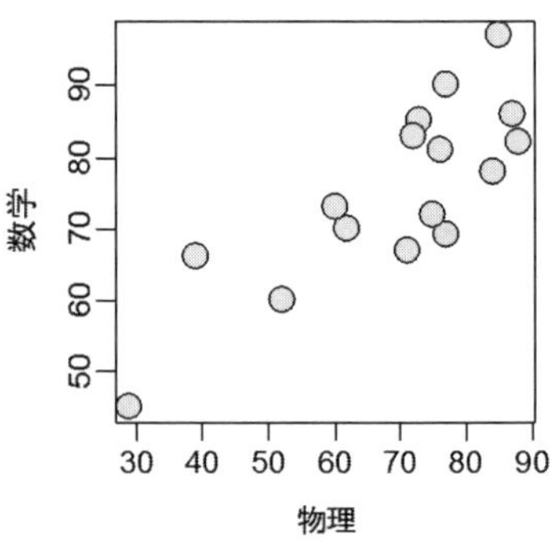

図３・２・７　図3・2・6に色を付けたグラフ

が得られる.

> plot (x , y , xlab = "物理" , ylab = "数学" , main = "物理と数学の点数" , pch = 21 , bg = "green" , cex = 2 , xlim = c (0 , 100) , ylim = c (0 , 100))

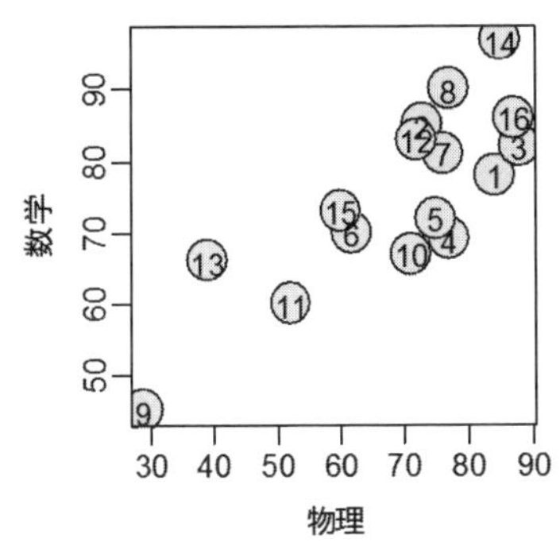

図３・２・８　ラベルを付けたグラフ

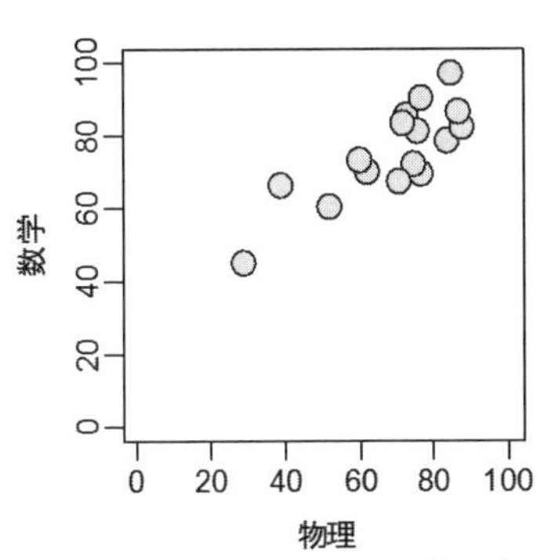

図３・２・９　図3・2・7の軸の上下限を変更した場合

散布図を描くことにより，2 つの変数間の関係を調べることができ，それらが全く同一のデータであればプロットした点は$y = x$の直線上に並ぶことになる．点が大まかに直線付近に分布している場合のことを，2 つの変数間には**相関**があるといい，直線が右上がりであれば正の相関，右下がりであれば負の相関となる．さらに，直線に近い範囲に分布する場合は強い相関があり，離れるほど相関は弱くなる．図３・２・８を見ると，右上がりの直線付近に，プロット

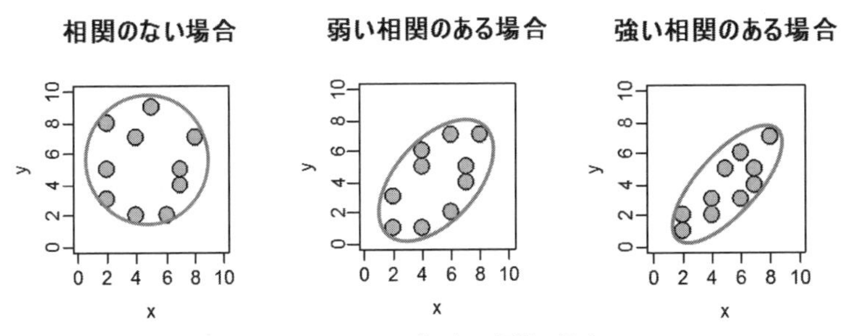

図３・２・10　データの相関の見方

した点の多くは分布しているので，この場合は強い相関があるということができる（データの相関の見方については，図３・２・１０を参照）．

【問３・２・３】問３・２・１の表３・２・４のデータに対して，表３・２・９のような体重が与えられたとする．これらの身長と体重の関係を散布図にして表し，それらの間に相関が見られるかどうか調べよ．

表3・2・9　例：あるクラスの男子学生の体重[kg]

65.4	57.5	61.2	67.8	74.3
73.6	70.8	58.3	65.4	62.1
61.9	63.4	71.1	65.7	66.9

［解］　変数x，yにそれぞれ身長と体重の値をベクトルデータとして代入した後，次のようにして散布図を描く（図３・２・１１）．図より弱い相関があることがわかる．

```
> plot ( x , y , xlab = "身長[cm]" , ylab = "体重[kg]" ,
  main = "身長と体重の関係" , pch = 21 , bg =
  "green" , cex = 2 )
```

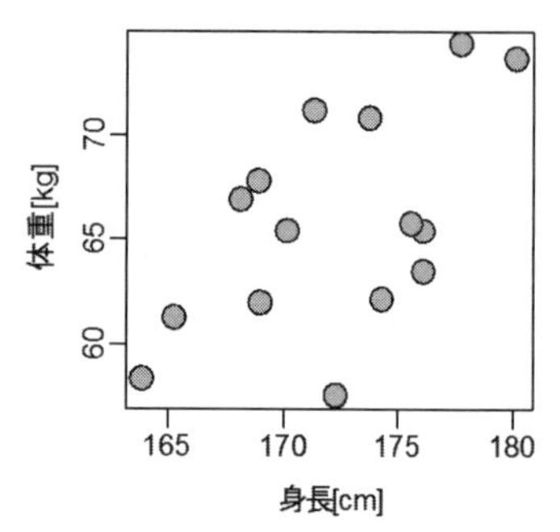

図３・２・１１　問3・2・3の答えの散布図

参考までに，図３・２・９の散布図に$y = x$の直線を記入してみる．前に描いた散布図に重ねて記入する際には関数 **par** を用いて

```
> par ( new = T )
```

と指定する．この指定をしない場合は前の図が消去されて新しい図が作成されることになる．次に，関数 **curve** を用いて直線を引く．

```
> curve( ( x ) , from = 0 , to = 100 , xlab = " " , ylab = " " , lwd = 2 , col = "red" )
```

この関数の第１パラメータには，線を描かせる関数を記入する．ここでは，$y = x$であるからxとすればよいが，この場合のみは括弧で囲む必要がある．その他の関数，例えば$y = 2x + 1$では，単に$2 * x + 1$とすればよい．第２，第３パラメータでは横軸の範囲を指定し，lwd は線の太さで，大きい値ほど太くなる．

また，重ねる前のグラフの軸名を上書きしないために，xlab と ylab には何も指定しない．このようにすると，図３・２・１２が得られる（実際には直線は赤色となっている）．

plot の便利な使い方の例として，数学の点数による色分けをしてみる．

```
> plot( x , y , xlab = "物理" , ylab = "数学" , main = "物理と数学の点数" , pch =
  21 , cex = 2 , bg = ifelse ( y < 70 , "purple" , "green" ) )
```

とすれば，図３・２・１３のように数学の点数が 70 点未満は紫色，それ以外は緑色で色分けされる. **ifelse** は第 1 引数の条件式が正しいときは第 2 引数の値，正しくないときは第 3 引数の値を取る関数である．実際に色分けにより，分布の特徴がわかりやすくなるので，試してみてほしい．

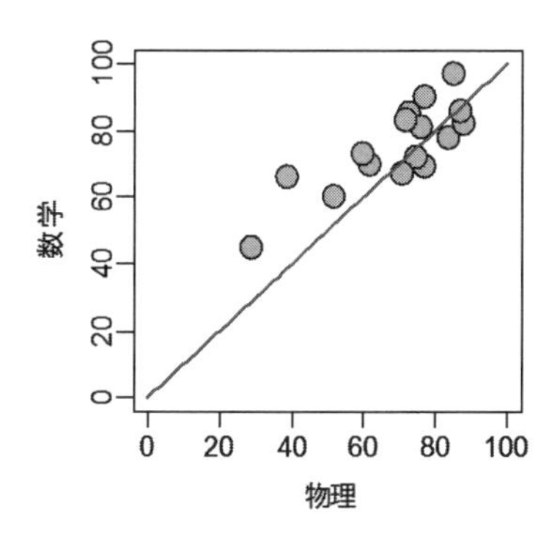

図3・2・12　図3・2・8に $y=x$ の直線を追加したグラフ

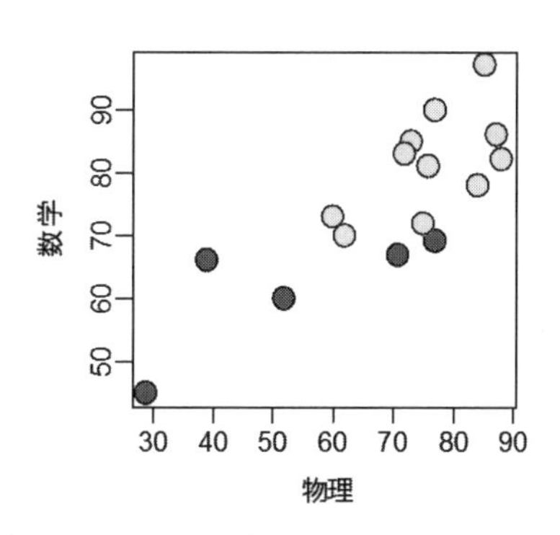

図3・2・13　プロットの色を変えた例

3・3　データの関係の調べ方

3・3・1　相関係数の計算

前節で散布図を描いたが，相関があるかないか，弱い相関か強い相関かなど，明確な基準があるわけではないので，ここでは相関を数値的に示す．そのために定義された数値が**相関係数** r であり，この値が 0 に近いほど相関が弱く，逆に 1 に近いほど相関は強い．また，負の値の場合は負の相関を表す．

R では関数 **cor** により**ピアソンの積率相関係数** r を求めることができる．第第３・２・４項の表３・２・７の物理と数学の点数の相関係数は次のようになる．

```
> cor ( x,y )
   [1]  0.8168931
```

一般に，相関係数の値が 0.8 以上であれば，強い相関があるといってよい．

【問３・３・１】 問３・２・３の身長と体重の間の相関係数を求め，相関関係を調べよ．

［解］関数 cor により計算すれば $r = 0.5634612$ が得られ，弱い相関があることがわかる．

３・３・２　回帰直線

回帰直線とは，データ点の x 座標値に着目して，ある直線上の y 座標値とデータ点の y 座標値までの距離の 2 乗をすべてのデータ点について足し合わせた値が最小となるような直線のことである．この直線はデータの中心的な位置を通るため，2 変数間の関係の傾向を表すとともに，未知の x 座標値に対する y 座標値を推測するためにも用いられる．

例として，第３・２・４項の物理と数学の点数データを考える．これらのデータは，それぞれベクトルとして変数 x と y に代入され，さらにグラフ上にプロットしてあるものとする．回帰直線を計算する R の関数は **lm** で，これを用いて，

```
> rg ← lm ( y ~ x )
> abline ( rg , col = "red" , lwd=2 )
```

とすれば，回帰直線を引くことができる（図

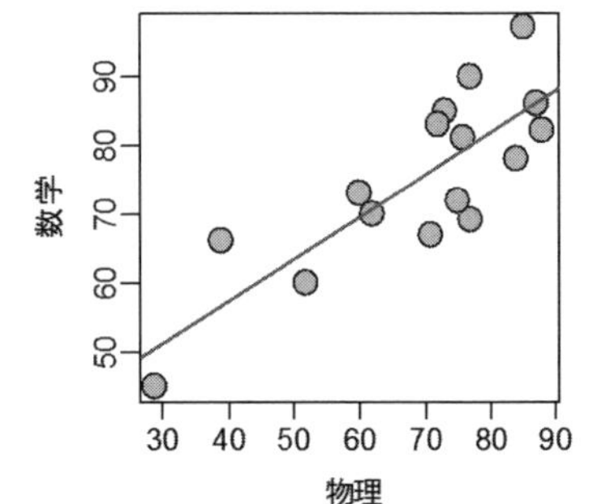

図３・３・１　図3・2・7に回帰直線を記入した場合

３・３・１)．関数 **abline** は直線を描くために用いるもので，abline (a , b) とすれば切片a，傾きbの直線$y = a + bx$が引かれる．ここでは，変数rgに計算結果の切片も傾きも入っているのでこのような指定となっている．切片と傾きの値を取り出したい場合は，

```
> rg$coefficients[1]
  (Intercept)
    32.88374
> rg$coefficients[2]
  x
  0.6123398
```

として表示することができ，これらの値を用いて関数 curve により直線を引くことも可能である．

【問３・３・２】問３・２・３の散布図に回帰直線を書き込み，この直線の切片と傾きを求めよ．

［略解］　上述の例と同様に行えば，図３・３・２が得られる．また，切片と傾きはそれぞれ，−41.98358，0.6253257 となる．

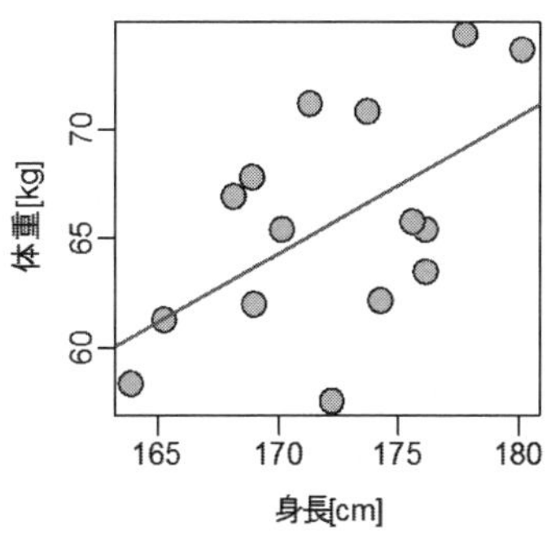

図３・３・２　図3・2・11に回帰直線を記入した場合

３・３・３　単回帰分析

前節で用いた関数 lm (y ~ x) は回帰直線を引くためのものであった．このときのパラメータ y と x のことをそれぞれ，**目的変数**，**説明変数**と呼ぶ．回帰分析は目的変数の値を，説明変数を用いた式によってなるべく誤差が小さくなるように表現し，この式によりデータとして与えられていない点についても，x を指定すれば y の値として得ることができるようにする手法である．**単回帰分**

析とは，説明変数が１つのみで，それを用いた式が１次式の場合のことをいい，回帰直線がこの式に当たる．この意味で回帰直線のことを**単回帰直線**あるいは**単回帰式**と呼ぶこともある．

以下に，関数 lm (目的変数 ～ 説明変数)による単回帰分析のしかたを述べる．

（１）単回帰分析の結果の要約

まず，前節のように，

```
> rg ← lm ( y ~ x )
```

として，変数 rg に回帰直線の結果を求めておく．ただし，x と y には第３・２・４項の物理と数学の点数のデータが代入されているものとし，物理の点数により数学の点数を説明することを考える．この rg に関数 **summary** を適用して分析結果の要約を得る．

```
> summary ( rg )
  Call:
  lm(formula = y ~ x)
  Residuals:
        Min        1Q    Median        3Q       Max
  -11.0339   -5.8113   -0.5031    6.3747   12.0674
  Coefficients:
              Estimate  Std. Error  t value  Pr(>|t|)
  (Intercept)  32.8837      8.2175    4.002  0.001312 **
  x             0.6123      0.1156    5.299  0.000112 ***
  ---
  Signif. codes:  0 '***' 0.001 '**' 0.01 '*' 0.05 '.' 0.1 ' ' 1
  Residual standard error: 7.601 on 14 degrees of freedom
  Multiple R-squared: 0.6673,     Adjusted R-squared: 0.6436
  F-statistic: 28.08 on 1 and 14 DF,  p-value: 0.0001123
```

この出力結果には，前節でrgから取り出した切片と傾きの値が見られる．その他の値について詳しい説明は省略するが，Multiple R-squared あるいは Adjusted R-squared の値（下線部）は重要で，回帰式のデータへの当てはめの良さを判断する目安とすることができる．これらは**決定係数**，および**調整された決定係数**と呼ばれ，一般的に 0.8 以上であれば良い当てはめになっており，1 に近いほど良い．

（2）予測値の求め方

予測値とは与えられたデータから計算により求めた回帰直線を利用して，未知の入力値xに対する yの値を予測したものである．R では関数 **predict** を用いて

```
> x0 ← seq ( min ( x ) , max ( x ) , 10 )
> xf ← data.frame ( x = x0 )
> pr ← predict ( rg , xf , interval = "prediction")
```

とすると，与えられた物理の点数の最低点から最高点までの間で 10 点間隔に取った値を新しいxの値として，それに対するyの値が回帰直線から求められる．ここで，関数 predict でx座標値を指定する場合はデータフレームにしなければならいことには注意が必要である．得られた結果を出力してみると次のようになる．

```
> pr
        fit        lwr         upr
1  50.64159  31.10829  7 0.17490
2  56.76499  38.37141  75.15857
3  62.88839  45.35607  80.42071
4  69.01179  52.01988  86.00370
5  75.13519  58.33184  91.93853
6  81.25858  64.28024  98.23693
```

これらの数字の 1 列目が当てはめられた y の値であり，これのみを取り出すには $pr[,1]$とすればよい（2 列目，3 列目については後述）．そこで，物理と数学の点数をグラフ上にプロットし，さらにこのグラフに重ねて，上で求めた予測値をプロットすると図3・3・3が得られる．

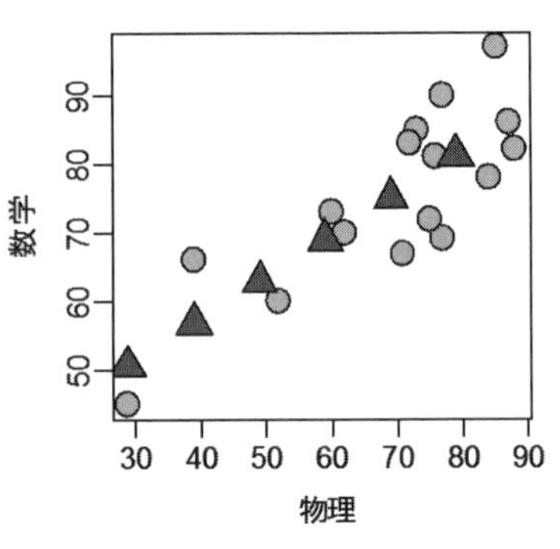

図3・3・3　図3・2・7に予測値をプロットした場合

```
> plot ( x , y , xlab = "物理" , ylab = "数学" , main = "物理と数学の点数" , pch =21 , bg = "green" , cex = 2 )
> par ( new = T )
> plot ( x0 , pr [ , 1 ] , xlab = "" , ylab = "" , bg = "red" , pch = 24 , cex = 2 , xlim = c ( min ( x ) , max ( x ) ) , ylim = c ( min ( y ) , max ( y ) ) )
```

（3）残差の求め方

残差とは与えられたデータと回帰直線により計算した予測値との差のことである．この値は関数 **residuals** を用いて次のように求められる（この関数は resid と省略可能）．

```
> residuals ( rg )
         1          2          3           4          5          6
-6.3202837  7.4154544 -4.7696430 -11.0339049 -6.8092253 -0.8488075
         7          8          9          10         11         12
 1.5784349  9.9660951 -5.6415931  -9.3598659 -4.7254092  6.0277942
        13         14         15          16
 9.2350086 12.0673765  3.3758722  -0.1573032
```

これらの値が残差であり，（1）の summary の結果の Residuals:の部分に残差の四分位数が表示されていたので, 比較してみると一致していることがわかる.

データの各点における残差の 2 乗（平方）和を取った値は，**残差平方和**（RSS: residual sum of squares）と呼ばれ，回帰直線の正確さを表す目安として用いることができる．この値は次のようにして求められる．

```
> rs ← residuals ( rg )
> sum ( rs ^ 2 )
   [ 1 ]   808.7587
```

【問３・３・３】 問３・２・３の身長と体重のデータについて，残差平方和を求めよ．また，この値を，関数 residuals を使用せずに，与えられたデータ点と関数 predict により求めた予測値との差の平方和から求め，residual から求めた値と一致することを確かめよ．

［略解］　上述と同様に行えば，RSS = 254.2419が得られる．predict を用いた計算は次のように行う．ただし，変数x, y, rgにはそれぞれ，身長と体重のデータおよび回帰直線の結果が入っているものとする．

```
xf ← data.frame ( x )
pr ← predict ( rg , xf , interval = "prediction" )
rss ← sum ( ( y－pr [ , 1 ] ) ^ 2 )
print ( rss )
   [ 1 ]   254.2419
```

［補足］（１）で述べた単回帰分析結果の要約の決定係数は，

$$R^2 = 1 - \frac{\text{RSS}}{\sum_{i=1}^{n}(y_i - \mu)^2}$$

で定義される値である．ただし，n , μ はそれぞれ目的変数yのデータ数およびその平均値を表す．この式の分母はもとのデータのばらつきを表しており，R^2の値が 1 に近ければ，もとのデータの変動に比べて残差の変動が小さいことを意味するので，当てはめが良いことになる．さらに，証明は省略するが，R^2の

値は説明変数 x と目的変数 y の相関係数の 2 乗に等しく，x と y の相関が大きいほど回帰直線の当てはめが良くなることになる．

【問３・３・４】 問３・２・３の身長と体重のデータについて，単回帰分析結果の要約を出力し，決定係数値から当てはめの良さを確かめよ．また，この値が，RSS を用いて上記の定義式から計算した値と一致することを確かめよ．さらに，身長と体重の相関係数の 2 乗とも一致することも確認せよ．

[略解]（1）で述べた通りに行えば，決定係数 $R^2 = 0.3175$ が得られ，あまり良い当てはめになっていないことがわかる．

```
> 1-rss / sum ( ( y-mean ( y ) ) ^ 2 )
  [ 1 ] 0.3174885
```

となり，summary の結果と一致する．相関係数の 2 乗は cor (x, y) ^ 2 で求める．

（４）予測区間の求め方

予測区間とは，回帰直線だけでなく，もとのデータのもっているばらつきも考慮して，新たなデータとして予測される範囲を示すもので，その範囲にある確率 α を指定して計算される．R では（2）の関数 predict で求めることができる．説明は省略するが，計算式は次の通りである．

$$\text{予測下限}: y_L = y^* - t_{n-2}\left(\frac{\alpha}{2}\right) s_y \sqrt{1 + \frac{1}{n} + \frac{(x^* - \overline{x})^2}{\sum_{i=1}^{n}(x_i - \overline{x})^2}}$$

$$\text{予測上限}: y_U = y^* + t_{n-2}\left(\frac{\alpha}{2}\right) s_y \sqrt{1 + \frac{1}{n} + \frac{(x^* - \overline{x})^2}{\sum_{i=1}^{n}(x_i - \overline{x})^2}}$$

ただし，

$$s_y = \frac{1}{n-2}\sum_{i=1}^{n}(y_i - \hat{y}_i)^2$$

である．式中の $(x_i, y_i), i = 1, \cdots, n$ は与えられたデータ点，y^* は新たな x^* に対して回帰式により予測値として計算された値，$\hat{y}_i, i = 1, \cdots, n$ は x_i に対する予測値，$t_{n-2}\left(\frac{\alpha}{2}\right)$は自由度$n-2$の$t$分布の上側パーセント点である．Rの関数predictで確率αを指定するには，パラメータをlevel＝0.9のように指定すればよい．何も指定しなければ，0.95となる．以上の計算を行うと次のようになる（実際にはpredictで簡単に得られるので計算する必要はない）．

```
> xf ← data.frame ( x )
> pr ← predict ( rg , xf , interval = "prediction" )
> n ← length ( y )
> sy ← sqrt ( sum ( ( y-pr [ , 1 ] ) ^ 2 ) / ( n－2 ) )
> x0 ← seq   ( min ( x ) , max ( x ) , 10 )
> xf ← data.frame ( x = x0 )
> pr ← predict ( rg , xf ,interval = "prediction")
> sx ← ( x0-mean ( x ) ) ^ 2 / sum ( ( x-mean ( x ) ) ^ 2 )
> alfa ← 0.95
> yL ← pr [ , 1 ]  -qt ( (1+alfa)/2 , n-2 ) * sy * sqrt ( 1 + 1 / n + sx )
> print ( yL )
        1          2          3          4          5          6
 31.10829   38.37141   45.35607   52.01988   58.33184   64.28024
```

これらの値は（2）で示した出力結果の2列目$pr[,2]$と一致しており，予測下限を表している．3列目は予測上限であり，同様に計算することができる．

【問３・３・５】（2）のデータについて，上述の予測下限の計算を参考にして，予測上限を求めよ．

［略解］　予測上限y_Uは前頁の計算式を用い，予測下限では減じた右辺第2項目を，加算に変更すればよい．

以上のようにして得られる予測下限と予測上限の範囲，すなわち予測区間をグラフ上に示したのが図３・３・４である．ただし，予測値は物理の最小点数から最大点数までを 1 点刻みで計算している. 関数 **lines** は指定した座標値を結ぶ直線を描く関数で, パラメータ lty が 1（デフォルト）のとき実線, 2 のとき点線（ダッシュ）, 3 のとき点線（ドット）となる（予測値は青色で表示している).

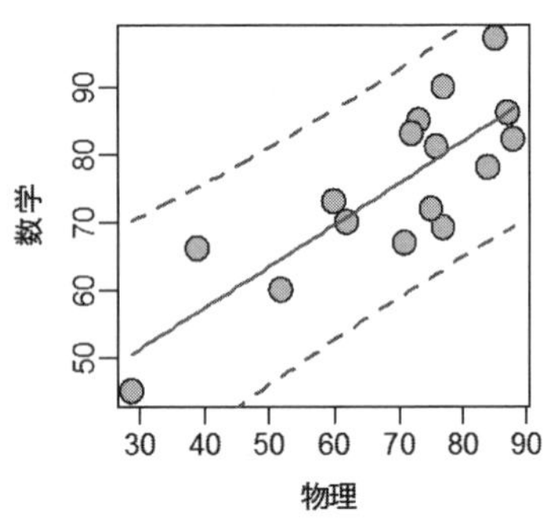

図３・３・４　予測区間の例

```
> x0 ← seq ( min ( x ) , max ( x ) , 1 )
> xf ← data.frame ( x = x0 )
> pr ← predict ( rg , xf , interval = "prediction" )
> plot ( x , y , xlab = "物理" , ylab = "数学" ,main = "物理と数学の点数および予測区間" , pch = 21 , bg = "green" , cex = 2 )
> lines ( x0 , pr [ , 1 ] , col = "red" , lwd = 2 )
> lines ( x0 , pr [ , 2 ] , col = "blue" , lwd = 2 , lty = 2 )
> lines ( x0 , pr [ , 3 ] , col = "blue" , lwd = 2 , lty = 2 )
```

【問３・３・６】 図３・２・１１の散布図に回帰直線と予測区間を記入せよ.

［略解］　図３・３・４の場合と同様にすれば図３・３・５が得られる. ただし, 関数 plot において, グラフの縦軸の範囲を ylim = c (min (pr [, 2]) , max (pr [, 3])) と指定した.

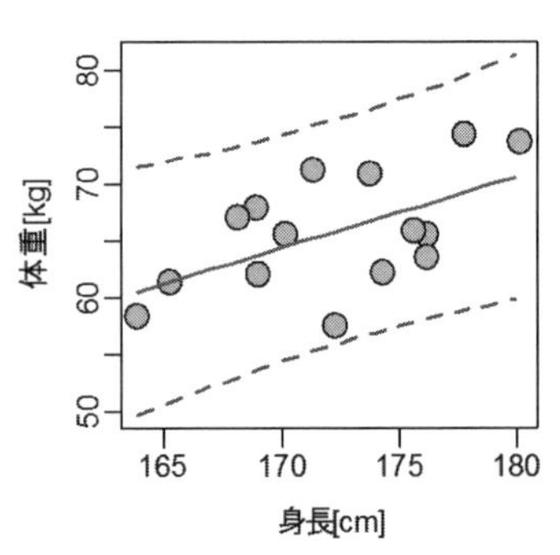

図３・３・５　問3・3・5の予測区間

（５）信頼区間の求め方

信頼区間は, 回帰直線が確率αで存在する区間を表すもので, R では予測区間の場合と同じく関数 predict で求めることができる．ただし，パラメータを interval="confidence" と指定する．これまで用いてきた物理と数学の試験の点数のデータでは次のようになる．ここで，x, y, rg にはそれぞれ物理と数学の点数，回帰直線の計算値が入っているものとする．

```
> xf ← data.frame ( x )
> cf ← predict ( rg , xf , interval = "confidence" )
> print ( cf )
        fit       lwr       upr
1  50.64159  39.88015  61.40303
2  56.76499  48.24546  65.28452
3  62.88839  56.43543  69.34135
4  69.01179  64.21767  73.80591
5  75.13519  71.05953  79.21085
6  81.25858  76.51275  86.00442
```

この計算式は次の通りである（説明は省略する）．

信頼下限：$y_L = y^* - t_{n-2}\left(\frac{\alpha}{2}\right) s_y \sqrt{\frac{1}{n} + \frac{(x^* - \overline{x})^2}{\Sigma_{i=1}^{n}(x_i - \overline{x})^2}}$

信頼上限：$y_L = y^* + t_{n-2}\left(\frac{\alpha}{2}\right) s_y \sqrt{\frac{1}{n} + \frac{(x^* - \overline{x})^2}{\Sigma_{i=1}^{n}(x_i - \overline{x})^2}}$

ただし，

$$s_y = \frac{1}{n-2}\sum_{i=1}^{n}(y_i - \widehat{y_i})^2$$

ここで使われる変数は予測区間の場合と同じであり，計算式も根号の中の第 1 項目の 1 を除いただけである．実際に計算してみると，

```
xf ← data.frame ( x )
cf ← predict ( rg , xf , interval = "confidence" )
```

```
n ← length ( y )
sy ← sqrt ( sum ( ( y−cf [ , 1 ] ) ^ 2 ) / ( n−2 ) )
x0← seq ( min ( x ) , max ( x ) , 10 )
xf ← data.frame ( x = x0 )
cf ← predict ( rg , xf , interval = "confidence" )
sx← ( x0−mean ( x ) ) ^ 2 / sum ( ( x−mean ( x ) ) ^ 2 )
alfa ← 0.95
yL ← cf [ , 1 ]−qt ( ( 1 + alfa ) / 2 , n−2 ) * sy * sqrt ( 1 / n + sx )
print ( yL )
        1           2           3           4           5           6
39.88015    48.24546    56.43543    64.21767    71.05953    76.51275
```

となって，predict の信頼下限の結果と一致している.

【問３・３・７】上述の信頼下限の計算を参考にして，同じ例で信頼上限を求めよ.

［略解］　信頼上限y_Uの計算式は，信頼下限では減じた右辺第 2 項目を，加算に変更すればよい.

図３・３・６は予測区間の場合と同様に，物理と数学の点数をプロットした図に回帰直線と信頼区間を記入したものである．この図は次のようにして描くことができる（信頼区間は茶色の点線で表示した）.

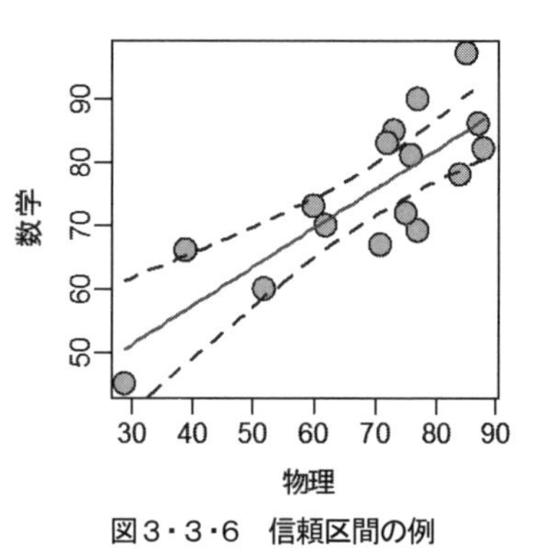

図３・３・６　信頼区間の例

```
> plot ( x , y , xlab = "物理" , ylab = "数学
  " , main = "物理と数学の点数および
  信頼区間" , pch = 21 , bg = "green" ,
```

```
  cex = 2 )
> x0 ← seq ( min ( x ) , max ( x ) , 1 )
> xf ← data.frame ( x = x0 )
> pr ← predict ( rg , xf , interval = "confidence" )
> lines ( x0 , pr [ , 1 ] , col = "red" , lwd = 2 )
> lines ( x0 , pr [ , 2 ] , col ="brown" ,
  lwd = 2 , lty = 2 )
> lines ( x0 , pr [ , 3 ] , col = "brown" ,
  lwd = 2 , lty = 2 )
```

【問３・３・８】図３・２・１１の散布図に回帰直線と予測区間を記入せよ.

［略解］　図３・３・６の場合と同様にすれば図３・３・７が得られる.

本節の最後として, 散布図に回帰直線, 予測区間, 信頼区間を重ねてみる. R の命令の記述は省略するが, 予測区間, 信頼区間の描き方を併用すれば, 図３・３・８が得られる. このグラフでは, 右下に凡例を記入している. グラフに凡例を入れるには次のようにする.

```
> labels← c ( "回帰直線" , "信頼区間" ,
  "予測区間" )
> cols ← c ( "red" , "brown" , "blue" )
> lts ← c ( 1 , 2 , 2 )
```

身長と体重の関係および信頼区間

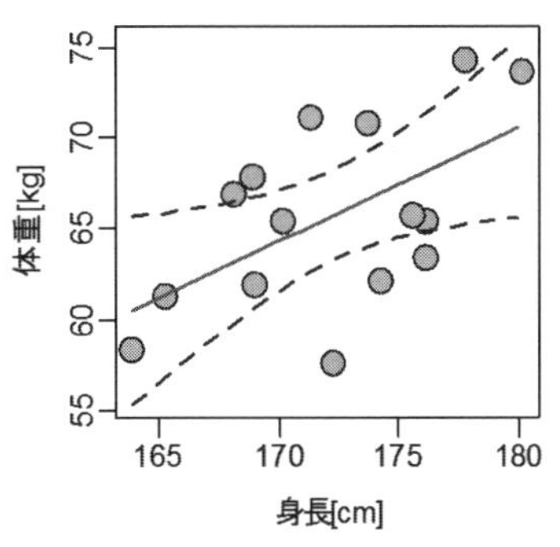

図３・３・7　問3・3・8の信頼区間

身長と体重の予測区間と信頼区間

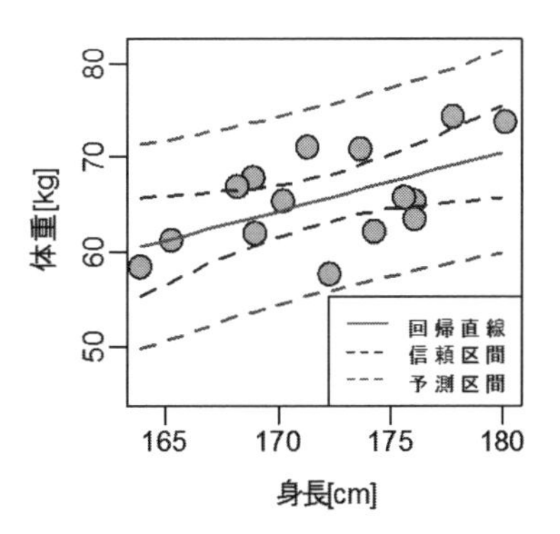

図３・３・8　図3・3・5と図3・3・7を重ねたグラフ

```
> legend ( "bottomright" , legend = labels ,
    col =cols , lt = lts )
```

関数 **legend** が凡例を記入するために用いられる．パラメータの legend, col, lt はそれぞれ，文字列，色，線種を指定している．"bottomright"は記入位置が右下であることを示している．その他の位置は表３・３・１のように指定する．

表３・３・１　凡例の記入位置

指定方法	位置
topright	上部右側
top	上部中央
topleft	上部左側
right	中央部右側
center	中央部中央
left	中央部左側
bottomright	下部右側
bottom	下部中央
bottomleft	下部左側

［補足］凡例がプロットした点や曲線と重なる場合は，legend の中でパラメータ cex=0.75 などとして文字の大きさの倍率を縮小したり，bty="n"として凡例の箱の枠線を描かないようにする．

【問３・３・９】 図３・２・１１の散布図に回帰直線と予測区間および信頼区間を記入せよ．グラフには凡例も表示すること．

［略解］　図３・３・８の場合と同様にすれば図３・３・９が得られる．

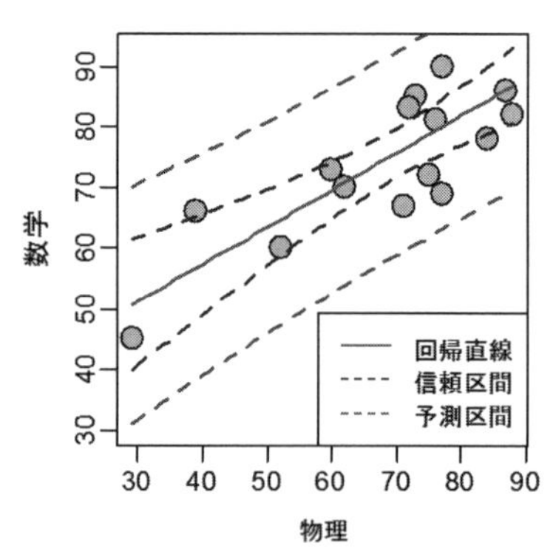

図３・３・９　予測区間と信頼区間を重ねた例

３・３・４　重回帰分析

単回帰分析は説明変数が１個の場合であったが，**重回帰分析**は複数の説明変数によって回帰式が作られ，目的変数の値を表すときのことをいう．ここでは，説明変数を複数個用いるが回帰式は１次式である線形回帰分析の場合を考える（回帰式が２次以上の回帰式による分析も可能である）．今，目的変数をy，説明変数をx_1 , x_2とするとき，回帰式$y = a + bx_1 + cx_2$による当てはめを行うことになる．ただし，a , b , c は単回帰分析の場合と同様，与えられたデータ点の中心的な位置を通る直線となるように決められた係数である．この式のことを**重回帰式**と呼ぶこともある．

前節まで使用してきた表３・２・７のあるクラスの物理と数学の点数に加えて表３・３・２の国語の点数も用いることにする．

表３・３・２　例:あるクラスの国語の点数

国語：	75	86	80	65
	83	67	63	90
	69	78	72	88
	47	98	79	92

まず，これら３科目の相関関係を調べてみる．相関係数は次のようになる．

```
> df ← data.frame ( x , y , z)
> colnames ( df ) ← c ( “物理” , ”数学” , ”国語” )
> cor ( df )
          物理        数学        国語
物理  1.0000000  0.8168931  0.6078297
数学  0.8168931  1.0000000  0.6496707
国語  0.6078297  0.6496707  1.0000000
```

ただし，変数x , y , zにはそれぞれ物理，数学，国語の点数が代入されているものとし，これらをまとめてデータフレームにしている．また，関数colnamesを用いて変数dfの各列に科目名を与えている（第３・１・９項参照）．３変数のうちの２個ずつの相関係数が表示され，数学と物理の間の相関値に比べると，これらと国語の間の相関は弱いことがわかる．

次に，3 つの変数の値を 2 組ずつプロットしてすべて表示してみる．

> plot (df)

すると図３・３・１０のようなグラフが得られる．このようなグラフのことを**対散布図**という．このグラフからは，物理と数学の関係が $y = x$ の直線付近に分布しているので，物理と国語，数学と国語の関係よりも相関が強いことがわかる．

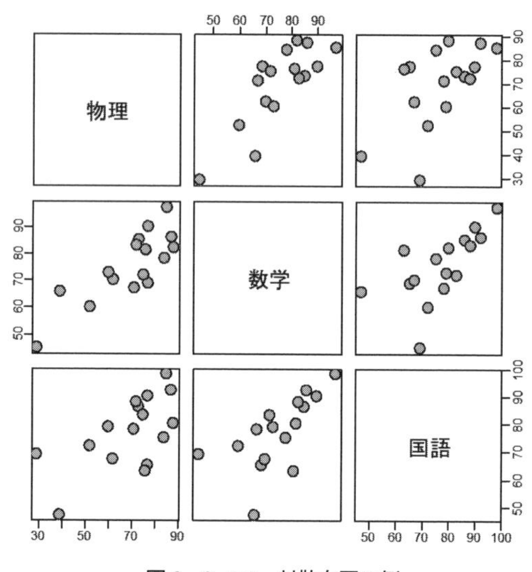

図３・３・１０　対散布図の例

（１）相互作用のない重回帰分析

ここでは，目的変数を複数の説明変数の 1 次式で表すことを考える．物理と数学と国語の点数の例を続けて用いれば，物理の点数を数学と国語の 2 変数によって表現することになる．この分析は R では次のようにすればよい．

```
> mr←lm(y~x+z)
> summary(mr)
  Call:
  lm(formula = y ~ x + z)
  Residuals:
      Min       1Q   Median      3Q      Max
  -9.3978  -5.9027  -0.5115  5.6765  13.0508
  Coefficients:
              Estimate   Std. Error   t value   Pr(>|t|)
```

```
(Intercept)    22.1722    11.6066    1.910    0.07840 .
x               0.5017     0.1423    3.525    0.00373 **
z               0.2385     0.1865    1.279    0.22320
---
Signif. codes:   0 '***' 0.001 '**' 0.01 '*' 0.05 '.' 0.1 ' ' 1
Residual standard error: 7.434 on 13 degrees of freedom
Multiple R-squared: 0.7045,     Adjusted R-squared: 0.659
F-statistic:   15.5 on 2 and 13 DF,   p-value: 0.0003619
```

単回帰分析の場合と同様に結果の要約から，回帰直線は次のように求まる．

$$y = 22.1722 + 0.5017\,x + 0.23852\,z$$

決定係数は $R^2 = 0.7045$ となり（下線部），単回帰分析の場合の 0.6673 よりも大きくなるので，直線の当てはめは良くなっている．残差平方和も

```
> rs ← residuals ( rg )
> sum ( rs ^ 2 )
  [ 1 ]   718.3436
```

となり，単回帰分析では 808.7587 であったので，改善されることがわかる．

【問３・３・１０】 問３・２・３の身長と体重のデータで，対応する学生の胸囲のデータが表３・３・３のように与えられたとする．このとき，3 個の変数の間の相関関係，対散布図を求めて，体重と他の変数との相関の強さを調べよ．さらに，体重を目的変数，身長と胸囲を説明変数として，相互作用のない重回帰分析を行え．

表３・３・３　例：あるクラスの男子学の胸囲[cm]

85.2	79.8	92.5	90.1	83.4
83.1	83.9	87.7	81.6	85.9
81.7	88.3	95.7	79.8	86.4

［略解］　変数 x , y , z にそれぞれ，身長，体重，胸囲のデータを代入する．変数間の相関係数は次のようになる．

	身長	体重	胸囲
身長	1.00000000	0.5634612	−0.09229854
体重	0.56346118	1.0000000	−0.10039659
胸囲	−0.09229854	−0.1003966	1.00000000

また，対散布図は図３・３・１１のようになり，これらから体重とは胸囲よりも身長の方が

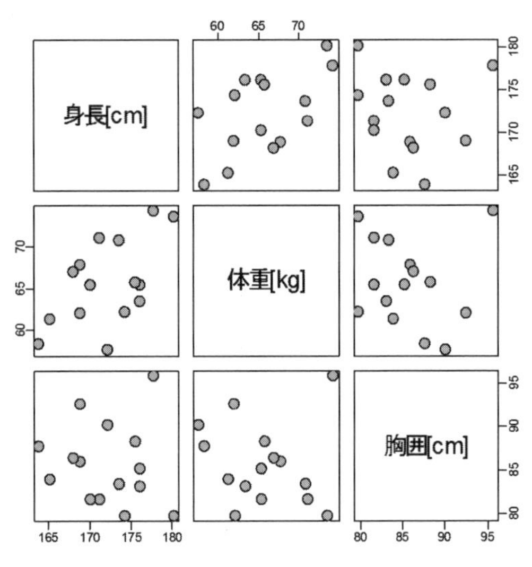

図３・３・11　問３・３・１０の対散布

相関が強いことがわかる.

重回帰分析の結果の要約は次のようになる.

```
Call:
lm(formula = y ~ x + z)
Residuals:
    Min       1Q   Median      3Q     Max
-8.0167  -2.4401  -0.3145  3.8855  5.7374
Coefficients:
```

```
                Estimate  Std. Error  t value Pr(>|t|)
(Intercept)   -36.42288    53.04108   -0.687    0.5053
x               0.62033     0.26535    2.338    0.0375 *
z              -0.05486     0.26874   -0.204    0.8417
---
Signif. codes:  0 '***' 0.001 '**' 0.01 '*' 0.05 '.' 0.1 ' ' 1
Residual standard error: 4.595 on 12 degrees of freedom
Multiple R-squared: 0.3199,     Adjusted R-squared: 0.2065
F-statistic: 2.822 on 2 and 12 DF,  p-value: 0.099
```

回帰直線は

$$y = -36.42288 + 0.62033\,x - 0.05486\,z$$

と求まる. 決定係数は$R^2 = 0.3199$となって, 当てはめはあまり良くないことがわかるが, 問３・３・４の単回帰分析の場合の 0.3175 よりもやや大きくなっている. 残差平方和を求めてみると, RSS = 253.3621となり, 問３・３・３の 254.2419 よりもやや小さくなる.

（２）相互作用のある重回帰分析

相互作用とは複数の変数間の積項の影響のことで, これを加えた分析のことを相互作用のある重回帰分析という. 物理x, 数学y, 国語zの点数の例で考えると,

$$y = a + bx + cz + dxz$$

の回帰式による当てはめを行うものである. R では相互作用のない場合と同様に分析を行えばよいが, 回帰式の部分のみ次のように変更して実行する.

```
> mr←lm(y~x+z+x*z)
> summary(mr)
  Call:
  lm(formula = y ~ x + z + x * z)
  Residuals:
```

```
      Min        1Q    Median       3Q       Max
-7.4101   -5.0757    0.1045   5.1650   8.8325
Coefficients:
                  Estimate    Std. Error   t value   Pr(>|t|)
(Intercept)   106.567014   38.299057     2.782     0.0166 *
x               -0.755940    0.564294    -1.340     0.2052
z               -1.003193    0.567256    -1.769     0.1024
x:z              0.018014    0.007887     2.284     0.0414 *
---
Signif. codes:  0 '***' 0.001 '**' 0.01 '*' 0.05 '.' 0.1 ' ' 1
Residual standard error: 6.459 on 12 degrees of freedom
Multiple R-squared: 0.7941,      Adjusted R-squared: 0.7426
F-statistic: 15.42 on 3 and 12 DF,   p-value: 0.000203
```

省略して lm(y~x*z)と書いても同じ結果が得られる．この結果から重回帰式は

$$y = 106.567041 - 0.75594\,x - 1.003193\,z + 0.018014\,xz$$

となることがわかる．決定係数は$R^2 = 0.7941$であることから，相互作用のない場合よりもやや当てはめは良くなる．また，

```
> sum ( residuals ( mr ) ^ 2 )
[1]  500.6593
```

より，残差平方和RSSも同様に相互作用のない場合より小さくなっていることがわかる. 表３・３・４は単回帰分析と重回帰分析による当てはめの良さを決定係数と残差平方和で評価したものである.

表３・３・４　単回帰分析と重回帰分析の当てはめの良さの評価例

	単回帰分析	重回帰分析（相互作用のない場合）	重回帰分析（相互作用のある場合）
決定係数（R^2）	0.6673	0.7045	0.7941
残差平方和（RSS）	808.7587	718.3436	500.6593

ここで取り上げた例では, 変数を増やし, さらに相互作用ま

で考慮すると当てはめが良くなる様子がわかる．

【問３・３・１１】問３・３・１０と同じデータについて，相互作用のある重回帰分析を行い，単回帰分析や相互作用のない重回帰分析の場合と比べて当てはめが良くなるかどうか調べよ．

［略解］　物理と数学と国語の点数の場合と同様に行うと，表３・３・５の結果が得られ，相互作用のある重回帰分析が最も良い結果となることがわかる．

表３・３・５　問３・３・１０の評価結果

	単回帰分析	重回帰分析（相互作用のない場合）	重回帰分析（相互作用のある場合）
決定係数 (R^2)	0.3175	0.3199	0.3893
残差平方和 (RSS)	254.2419	253.3621	227.4846

３・３・５　モデルの選択

前節まで，与えられたデータに回帰式を当てはめる手法のいくつかを見てきた．それらは，1 変数の単回帰式，2 変数の重回帰式（相互作用のない場合，相互作用のある場合）であった．それぞれの当てはめの推定式のことを**モデル**といい，このモデルのどれを選ぶかは，当てはめの良さや変数の個数などの条件から判断される．判断を行う際の基準としてよく知られているのが**赤池の情報量基準**（AIC : Akaike's Information Criterion）[8]と呼ばれる量である．詳しい説明は省略するが，この AIC の値が小さいほど良いモデルとなる．

（１）AIC によるモデルの評価

R では次のようにして AIC の値を求める．例えば，単回帰分析の場合，変数 x , y にそれぞれ物理と数学の点数が入っているものとすれば，関数 **AIC** を用いて

```
>rg1 ← lm ( y ~ x )
>AIC ( rg1 )
  [1]  114.1726
```

となる．変数 z による単回帰式も考えられるので，この変数に国語の点数が入

っているものとして，同様に計算してみると次のようになる．

```
> rg2 ← lm ( y ~ z )
> AIC ( rg2 )
  [ 1 ]   123.0086
```

重回帰分析の場合も同様に計算することができ，

```
> mrg1 ← lm ( y ~ x + z )
> AIC ( mrg1 )
  [ 1 ]   114.2758
> mrg2 ← lm ( y ~ x + z + x * z )
  AIC ( mrg2 )
  [ 1 ]   110.4994
```

となるので，決定係数と残差平方和とともにまとめたのが表３・３・６である．

表３・３・６　AICによるモデル評価の例

回帰式	決定係数	残差平方和	AIC
y ~ x	0.6673144	808.7587	114.1726
y ~ z	0.422072	1404.943	123.0086
y ~ x + z	0.7045069	718.3436	114.2758
y ~ x + z + x * z	0.7940521	500.6593	110.4994

決定係数は関数 summary の要約情報から，

```
> sm1 ← summary ( rg1 )
> print ( sm1 [ 8 ] )
  $r.squared
  [ 1 ]   0.6673144
```

として得られる．要約情報の要素は，

```
> names ( sm1 )
  [ 1 ]   "call"          "terms"          "residuals"      "coefficients"
```

```
[5]  "aliased"      "sigma"      "df"      "r.squared"
[9]  "adj.r.squared" "fstatistic"  "cov.unscaled"
```

であるから，上記のようにsm1[8]あるいはsm1$r.suaredで取り出すことができる．ここで関数**names**は変数$sm1$の属性を表示するものである．属性とはベクトルやデータフレームの要素に付けることができる名前のことで，例えば第３・１・９項の変数$data$では列名のことになる．

残差平方和は

```
> rss1 ← sum ( residuals ( rg1 ) ^ 2 )
  print ( rss1 )
  [1]  808.7587
```

として得られる．

この表から，相互作用のある重回帰分析が最も良いモデルであるということがわかる．この表で，変数xによる単回帰式の方が，決定係数や残差平方和に関して良い値を示している相互作用のない重回帰式よりもAIC値は低い．AICの基準では，残差だけでなく変数の個数も評価に入っているので，重回帰分析よりも単回帰分析の方が良い評価となることもあり，パラメータ数と残差の双方の評価が行われることがわかる．

［補足］RにおけるAICの計算結果は次の定義式(9)により求めた値と一致する．

$$\mathrm{AIC} = n + n\log\frac{2\pi(\mathrm{RSS})}{n} + 2(m+2)$$

ここで，nはデータ数，mはパラメータ数，RSSは残差平方和を表している．上述の例では，単回帰分析の場合$m = 1$として，Rにより計算すれば，

```
> n ← length ( x )
> rg ← lm ( y ~ x )
> rss ← sum ( residuals ( rg ) ^ 2 )
> m ← 1
```

```
> n + n * log ( 2 * pi * rss / n ) + 2 * ( m + 2 )
  [1]  114.1726
```

となって，関数 AIC の結果と一致する．相互作用のない重回帰分析差では$m = 2$，相互作用のある重回帰分析は$m = 3$として同様に計算を行えば関数 AIC で求めた値と同一の結果が得られる．

【問３・３・１２】問３・３・１０と同じデータについて回帰式の当てはめを行う場合，関数 AIC を用いてモデルの評価を行い，どのモデルが最も良いと考えられるか調べよ．

[略解] R を用いて表３・３・６と同じ項目について計算すれば，表３・３・７が得られる．表より，変数xを説明変数に用いた単回帰分析が最も良いモデルとなっていることがわかる．

表３・３・７　問３・３・１１の AIC によるモデル評価

回帰式	決定係数	残差平方和	AIC
y ~ x	0.3174885	254.2419	91.0217
y ~ z	0.0100795	368.7546	96.59938
y ~ x + z	0.3198502	253.3621	92.9697
y ~ x + z + x * z	0.3893183	227.4846	93.35364

（２）関数 step を用いたモデルの選択法

（１）で回帰式ごとに AIC を求めれば，その値の比較によりモデルの選択が行えることを述べた．この手順を自動的に行う関数が **step** である．この関数を実行すると，引数として与えられたモデルについて，パラメータを増減させながら AIC の値を求めて行き，最も良いモデルを見つけることができる．ただし，AIC の計算は，一般化された赤池の情報基準量

$$\mathrm{AIC} = n \log \frac{\mathrm{RSS}}{n} + 2(m + 1)$$

により行われる[10),(11)]（関数 **extractAIC** で求めた値である）ので，先の関数 AIC

により求めた結果とは異なっているが，評価に当たっては大小関係にほとんど影響はない．（1）のデータについて，extractAIC を適用すると，

```
> rg1 ← lm ( y ~ x )
> extractAIC ( rg1 )
  [1]  2.00000        46.45354
```

となり，モデルのパラメータ数と一般化された赤池の情報基準量の値が得られる．表3・3・6と表3・3・7の場合について，AIC と extractAIC の値を計算した値を表3・3・8に示す．

表3・3・8 AIC と extractAIC の比較

回帰式	表3・3・6の場合		表3・3・7の場合	
	AIC	extractAIC	AIC	extractAIC
y ~ x	114.1726	66.76659	91.0217	46.45354
y ~ z	123.0086	75.60261	96.59938	52.03122
y ~ x + z	114.2758	66.86975	92.9697	48.40155
y ~ x + z + x * z	110.4994	63.09339	93.35364	48.78549

実際に関数 step を実行してみるが，ここでは変数減少法により変数の選択が行われる．この方法は，最初にパラメータで指定した回帰式の AIC を計算した後，AIC の値が増加するように回帰式から変数を 1 個ずつ減らしながら計算を繰り返すものである．ほかにも，変数増加法と変数増減法があり，それぞれパラメータとして direction="forward"，direction="both"と指定すればよい．デフォルトは変数減少法の direction="backward"である．相互作用のない重回帰式の場合は次のようになる．

```
> mrg1 ← lm ( y ~ x + z )
> step ( mrg1 )
  Start:   AIC=66.87
```

```
y ~ x + z
          Df   Sum of Sq      RSS      AIC
- z        1       90.42   808.76   66.767
<none>                     718.34   66.870
- x        1      686.60  1404.94   75.603
Step:  AIC=66.77
y ~ x
          Df   Sum of Sq      RSS      AIC
<none>                     808.76   66.767
- x        1      1622.2  2431.00   82.376
Call:
lm(formula = y ~ x)
Coefficients:
(Intercept)          x
    32.8837     0.6123
```

出力結果を表３・３・８の extractAIC の値と比較してみると，$y\text{~}x + z$からスタートして，変数zを減らしたとき，何も減らさないとき，変数xを減らしたときの順で計算が行われている．$y\text{~}x$のときが最も extractAIC の値が小さいので，次にこの場合について，何も減らさないとき，変数xを減らしたときの順で計算を行い，結局，$y\text{~}x$が最も良いモデルであることがわかる．

相互作用のある重回帰式も同様に step による変数選択を行ってみる．

```
> mrg2 ← lm ( y ~ x + z + x * z )
> step ( mrg2 )
  Start:  AIC=63.09
  y ~ x + z + x * z
          Df   Sum of Sq      RSS      AIC
```

```
<none>                     500.66   63.093
- x:z     1      217.68    718.34   66.870
Call:
lm(formula = y ~ x + z + x * z)
Coefficients:
(Intercept)          x           z          x:z
  106.56701     -0.75594    -1.00319     0.01801
```

この場合は，最初に$y{\sim}x + z + x^{*}z$の extractAIC を求め，次に何も減らさないとき，$x{:}z$（$x^{*}z$と同じ）を減らしたときの順で評価して，ほかに$y{\sim}x + z + x^{*}z$よりも小さくなる変数の減らし方はないので，結局，もとの重回帰式が最も良いモデルといえる．

【問３・３・１３】問３・３・１２と同じデータについて，関数 step を用いて変数の選択を行い，どのモデルが最も良いといえるか調べよ．

［略解］　相互作用のある重回帰式に step を適用する．

```
> mrg2 ← lm ( y ~ x + z + x * z )
> step ( mrg2 )
  Start:  AIC=48.79
  y ~ x + z + x * z
          Df   Sum of Sq    RSS     AIC
  - x:z    1      28.878  253.36  48.402
  <none>                  227.49  48.735
  Step:  AIC=48.4
  y ~ x + z
          Df   Sum of Sq    RSS     AIC
  - z      1        0.88  254.24  46.454
  <none>                  253.36  48.402
```

```
- x        1        115.39     368.75    52.031
Step:   AIC=46.45
y ~ x
         Df     Sum of Sq      RSS       AIC
<none>                         254.24    46.454
- x        1        118.27     372.51    50.183
Call:
lm(formula = y ~ x)
Coefficients:
(Intercept)                 x
     -41.9836          0.6253
```

このように，変数減少法により単回帰式$y \sim x$が最も良いモデルであることがわかる．表３・３・８の数値と比較しても，一致していることが確かめられる．

３・４　Rによる区間推定

３・４・１　標本分布の計算とグラフ作成

本節では区間推定を取り上げるが，まずそれらで使用する確率分布のRにおける取り扱い方について述べる．

標本から作った統計量（例えば平均など）の確率分布のことを**標本分布**と呼ぶ．標本分布の例として，**標準正規分布**を取り上げる．この分布のグラフは次のようにして描く．

```
> curve ( dnorm ( x , mean = 0 , sd = 1 ) , from =-4 , to = 4 )
```

関数 **dnorm** は正規分布の計算を行う関数で，パラメータ mean と sd にそれぞれ平均 0 と標準偏差 1 を指定する．変数xが−4 から 4 の範囲で dnorm の値を関数 curve を用いて描画すると図３・４・１のようになる．ここで，パラメータ

from と to は省略して,

```
> curve ( dnorm ( x , mean = 0 , sd =
    1 ),-4 , 4 )
```

と書くこともできる. この図に, 平均と標準偏差を変えた図を色違いで重ねて表示するには次のようにする (図3・4・2).

```
> curve ( dnorm ( x , mean = 0 , sd =
    1 ) , from =-4 , to = 4 , main = "標
    準正規分布と正規分布" , ylab =
    "dnorm(x)" , ylim = c(0,1) , lwd =
    2 )
> curve ( dnorm ( x , mean = 1 , sd =
    0.6 ) , add = T , col = "red" , lwd = 2 ,
    lty = 2 )
> curve ( dnorm ( x , mean = 1 , sd =
    0.8 ) , add = T , col = "green" , lwd =
    2 , lty = 3 )
>  labels  ←  c  (  "mean=0,sd=1",
    "mean=1,sd=0.6",
    "mean=1,sd=0.8" )
> cols ← c ( "black" , "red" , "green" )
> lts ← c ( 1 , 2 , 3 )
> legend ( "topleft" , legend = labels ,
    col = cols , lt = lts)
```

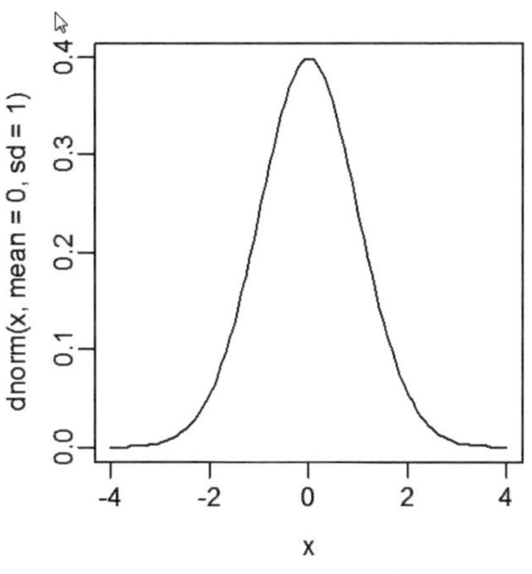

図3・4・1　標準正規分布

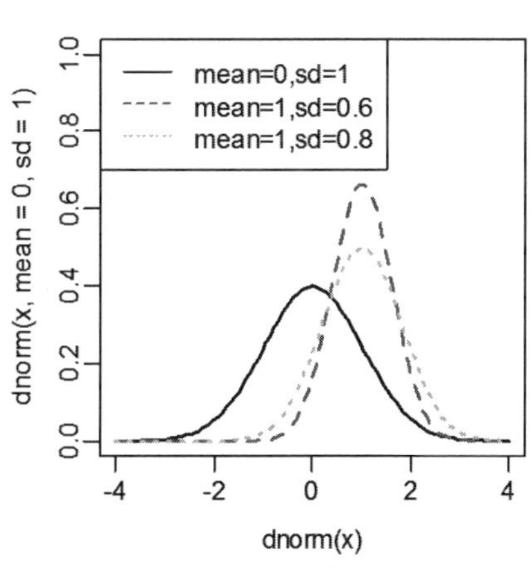

図3・4・2　標準正規分布に正規分布を重ねた場合

重ねて描くためには, パラメータ add を T (あるいは TRUE) と指定する. ま

た，縦軸は0から1の範囲に設定している．さらに，第3・3・3項で述べた指定法により凡例も付加した．

次に，この標準正規分布のグラフ上にパーセント点（**確率点**ともいう）の位置を表示してみる．例として，**有意水準**（危険率）αを0.05としたときの下側α点（2.5%点）と上側α点（97.5%点），すなわち

$$P(X \leq x_L) = P(X \geq x_U) = \frac{\alpha}{2}$$

となる$x_L = u\left(\frac{\alpha}{2}\right) \approx -1.96$および$x_U = u\left(1 - \frac{\alpha}{2}\right) \approx 1.96$を示す．

関数uは指定した下側確率の確率点を与えるもので，累積分布関数の逆関数である（上側確率については後述の関数qnormを参照）．図3・4・3の点線がその位置を示しており，関数ablineを次のように用いる．

```
> curve ( dnorm ( x , mean = 0 , sd = 1 ) , from =-4 , to = 4 , main = "標準正規分布とパーセント点" , lwd = 2 )
> alfa = 0.05
> abline ( v = qnorm ( alfa / 2 ) , lty = 2 , lwd = 2 )
> abline ( v = qnorm ( 1-alfa / 2 ) , lty = 2 , lwd = 2 )
> text (-2 , 0.3 , "－α／2")
> text ( 2, 0.3 , "α／2")
```

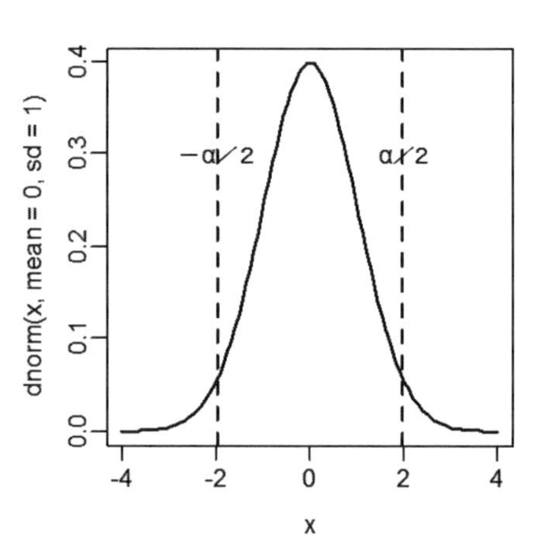

図3・4・3　標準正規分布とパーセント点

パラメータvに横軸の値を与えると，その位置に縦線を引くことができる．横線を引きたいときは，パラメータhに縦軸の値を与える．関数textは指定したグラフ上の座標の位

置に文字を記入するものである．また，関数 **qnorm** は下側確率$P(X \leq x)$の確率点を与えるもので，もし上側確率$P(X \geq x)$を使用したい場合には，パラメータ lower.tail=FALSE とする．例として，上側α点は

```
> qnorm ( alfa/2 , lower.tail = FALSE )
```

となり，これは下側確率として求めた qnorm (1−alfa / 2) と同じ値となる．

表３・４・１に示すように，確率分布を表す分布名の前に d を付けると確率密度関数値，p は累積分布関数値，q は確率点を求める関数となる．主な関数は表３・４・２の通りである．例えば，二項分布の累積分布関数は **pbinom** となる．

標準正規分布のグラフに累積分布関数を重ねて描くにはどのようにすればよいだろうか．標準正規分布と累積分布では最大値が異なるため第２軸を使用して描かせたい．そのためには，関数 plot により次のようにして描画するとよい．

```
> par ( mar = c (5,5,5,5) )
> x ← seq (−4 , 4 , 0.01 )
> plot ( x , dnorm ( x , mean = 0 , sd = 1 ) , type = "l" , main = "標準正規分布と累積分布" , lwd = 2 )
> par ( new = T )
> plot ( x , pnorm ( x , mean = 0 , sd = 1 ) , type = "l" , axes = F , lty =2 , lwd = 2 )
> axis ( 4 )
> mtext ( "pnorm ( x , mean = 0 , sd = 1 )" , side = 4 , line = 2 )
```

関数 plot は指定したデータ点をプロットするものであったが，ここではプロットした点間を直線でつないで折れ線グラフにする．そのためのパラメータが type であ

表３・４・１　Rの確率分布関数の使用法

関数の種類	関数名
確率密度関数	d***(x)
累積分布関数	p***(x)
確率点	q***(x)

注）***部分は確率分布関数名

表３・４・２　Rの主な確率分布関数

関数の種類	関数名
正規分布	norm
t分布	t
二項分布	binom
ポアソン分布	pois
F分布	f
カイ二乗分布	chisq

り，指定のしかたは表３・４・３の通りである．パラメータ axes を F（または FALSE）とすることで軸を描かずにプロットし，その後に関数 axis により軸を描く．axis の指定は，1 から 4 までの整数が下，左，上，右に対応している．**mtext** は文字列を記入するための関数で，side で右側の位置を，line でグラフの領域から離す行数を指定する．この mtext を利用して第２軸の軸ラベルを表示することができるが，そのための余白を右側に確保しておく必要があるので，関数 **par** でマージンを mar = c (5,5,5,5) として，4 方向とも 5 行分取る．以上により図３・４・４を描くことができる．

表３・４・３　関数 plot の主な描き方

typeの指定	描き方
"p"	点のみ
"l"	線のみ
"b"	点と線

【問３・４・１】標準正規分布の場合と同様にして，t分布のグラフを描け．ただし，自由度$df = 1,2,10$の 3 つの曲線を色違いで 1 つのグラフ上に表示し，凡例も付けること．

［略解］　次のようにすれば図３・４・５が表示される．関数 curve の横軸の範囲を指定するパラメータ from と to の文字は省略して，単に−5，5 としている．

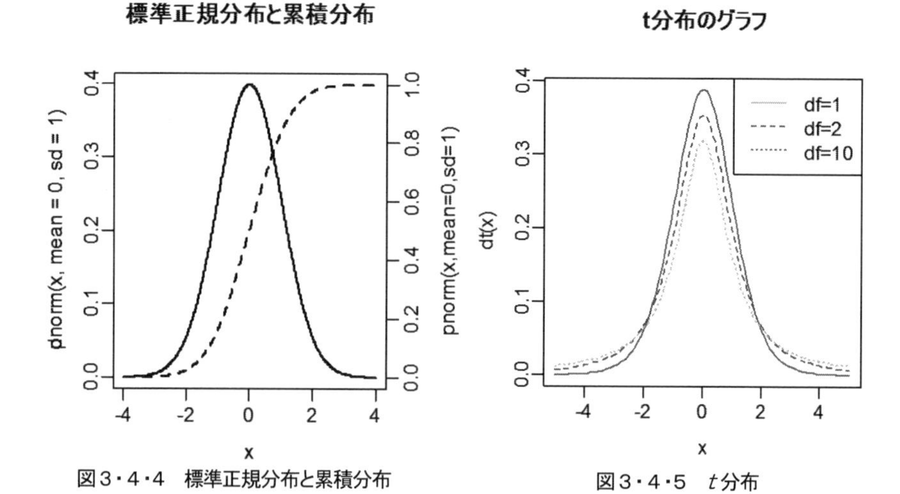

図３・４・４　標準正規分布と累積分布　　　　図３・４・５　t分布

```
> curve ( dt ( x, 10 ) ,-5 , 5 , ylab = "dt" , col = "red" , main = "t 分布のグラフ")
> curve ( dt ( x, 2 ) ,-5 , 5 , add = TRUE , col = "blue" , lty = 2 )
> curve ( dt ( x, 1 ) ,-5 , 5 , add = TRUE , col = "green" , lty = 3 )
> labels ← c ( "df=1" , "df=2" , "df=10" )
> cols ← c ( "green" , "blue" , "red" )
> lts ← c ( 1 , 2 , 3 )
> legend ( "topright" , legend = labels , col = cols , lty = lts )
```

3・4・2　区間推定

この節では平均値の**区間推定**を取り上げ，母分散が既知の場合と未知の場合の２通りについて，Rでの計算方法を中心に記述する．

（１）母分散が既知の場合の平均値の区間（標準正規分布を用いた推定）

母分散が既知の場合の母平均値の区間推定は，有意水準をα（信頼係数は$1-\alpha$となる），信頼下限および信頼上限をそれぞれx_L , x_Uとすると，標準正規分布の累積分布関数をuとして，

$$x_L = \overline{X} + u\left(\frac{\alpha}{2}\right)\sqrt{\frac{\sigma^2}{n}}, x_U = \overline{X} + u\left(1-\frac{\alpha}{2}\right)\sqrt{\frac{\sigma^2}{n}}$$

と表される．ここで，$\overline{X}$は標本平均，nは標本数，σ^2は母分散である．なお，x_Lの式で$u\left(\frac{\alpha}{2}\right)$は負値であるため，両式とも加算で表している．これらの値をパラメータとして与えると，信頼区間を計算する関数 conf を次のように作成し，ファイル名“shinrai.r”で保存する．

```
conf ← function ( alfa , avr , n , sgm)
# alfa : kikenritsu , avr : heikin , n : hyouhonsu , sgm : hyoujunhensa
{
  xL ← avr + qnorm ( alfa / 2 ) * sgm / sqrt ( n )
  xU ← avr + qnorm ( 1-alfa / 2 ) * sgm / sqrt ( n )
```

```
  return ( list ( xL , xU ) )
}
```

ここで，sqrt は平方根を取る関数，return は戻り値を指定し，list は異なる型のデータをまとめるために用いる関数で，戻り値が複数個ある場合はリストにして戻す（第３・１・８項参照）．

【例３・４・１】ある会社で生産する製品の重さは 20[g]と決められている．この重さは正規分布に従い，標準偏差は 1[g]である．この重さが守られているかどうか調べるために，ある 1 日の生産量 10 個の重量を計測したところ，その平均は 21.2[g]であった．このときの信頼係数 95%信頼区間を求めよ．

［解］　定義された関数のファイル“shinrai.r”を呼び出し，与えられたパラメータを指定して関数 conf を実行すると，

```
> source ( "shinrai.r" )
> avr ← 21.2 ; alfa ← 0.05 ; sgm ← 1 ; n ← 10
> conf ( alfa , avr , n , sgm )
  [[1]]
  [1] 20.5802
  [[2]]
  [1] 21.8198
```

となり，信頼下限 20.5802，信頼上限 21.8198 が得られ，この範囲に 20[g]が含まれていないことがわかる．出力結果の[[1]]，[[2]]の表記はリストの要素を表している（第３・１・８項参照）．

【問３・４・２】　図３・４・３の標準正規分布とパーセント点のグラフを参考にして，例３・４・１の平均 21.2 [g]，標準偏差 1[g]の正規分布のグラフを描き，グラフ上に信頼区間の範囲を示せ．

［略解］　以下のようにすると図３・４・６が得られる．

```
> xint ← conf ( alfa , avr , n , sgm )
```

```
> curve ( dnorm ( x , mean = avr , sd =sgm ) , from = 19 , to = 23.5 ,main = "正規分布と信
  頼区間" , ylab = "dnorm(x)" , lwd = 2 )
> abline ( v = xint [[1]] , lty = 2 , lwd = 2 )
> abline ( v = xint [[2]] , lty = 2 , lwd = 2 )
> text ( 20 , 0.35 , "信頼下限" )
> text ( 22.5 , 0.35 , "信頼上限" )
```

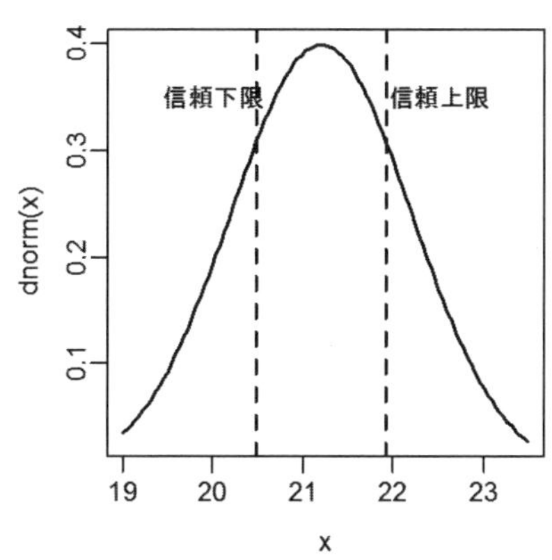

図3・4・6　例3・4・1の正規分布と信頼区間

（2）母分散が未知の場合の平均値の区間推定（t 分布を用いた推定）

母集団の分散がわかっていない場合は，次式で信頼下限 x_L と信頼上限 x_U が求められる．

$$x_L = \overline{X} + t_{n-1}\left(\frac{\alpha}{2}\right)\sqrt{\frac{U^2}{n}}, x_U = \overline{X} + t_{n-1}\left(1-\frac{\alpha}{2}\right)\sqrt{\frac{U^2}{n}}$$

ただし，t_{n-1}は自由度 n の t分布の累積分布関数を表しており，$\overline{X}$は標本の平均値，U^2は標本から求めた不偏分散である．

この場合について，次のような関数 conf を作成し，ファイル名 “shinrai1.r” で保存する．

```
conf ← function ( alfa , avr , n , U )
# alfa : kikenritsu , avr : heikin , n : hyouhonsu , U : hyoujunhensa
{
   xL ← avr + qt ( alfa / 2 , n−1 ) * U / sqrt ( n )
   xU ← avr + qt ( 1−alfa / 2 , n−1 ) * U / sqrt ( n )
   return ( list ( xL , xU ) )
}
```

引数は未知数が既知の場合と同様である．この関数を用いて，次の例を解く．

【例３・４・２】ある野菜の 100[g]当たりの価格を同じ町内の 10 箇所のスーパーマーケットで，同じ日にちのうちに調査したところ，表３・４・４のような結果となった．このとき，90%の信頼係数で野菜の価格の平均値を推定せよ．

表３・４・４　例:野菜の価格の調査結果（単位は円）

98	93	89	68	75
95	91	87	89	101

［解］　関数 conf を用いて，次のように計算すると，

```
> source ( "shinrai1.r" )
> x ← c ( 98 , 93 , 89 , 68 , 75 , 95 , 91 , 87 , 89 , 101 )
> alfa ← 0.1 ; avr ← mean ( x ) ; U ← sd ( x ) ; n ← length ( x )
> conf ( alfa , avr , n , U)
  [[1]]
  [1] 82.73786
  [[2]]
  [1] 94.46214
```

となり，信頼区間［82.73786 , 94.46214］が得られる．

【問３・４・３】ある人が健康チェックのために毎朝血圧を測定している．最近 1 週間の収縮期血圧値は表３・４・５の通りであった．このときの 95%信頼区間を関数 conf を用いて求めよ．

表3・4・5　例：血圧測定結果（単位は㎜Hg）

121	123	119	125	116	118	124

［略解］　次のような結果が得られる．

信頼下限＝117.7699　，　信頼上限＝123.9444

信頼区間を図示するとわかりやすくなる．例として例3・4・2を取り上げ，標本の平均値を中心にして，信頼区間の下限と上限を直線で結んだものが図3・4・7である．この図を描かせるには次のようにする(12)．

```
xL = xint[[1]] ; xU = xint[[2]]
plot ( avr , 0 , xlim = c( 80, 98 ) , ylim = c
   (−1 , 1 ), axes = F , xlab="" ,ylab="" ,
   bg = "red" , pch = 21 , main = "信頼
   区間" )
axis ( 1 )
xp← c ( xL , xU ) ; yp ← ( c ( 0 , 0 ) )
points ( xp , yp , pch = "|" )
lines ( xp , yp , lwd = 2 )
abline ( v = avr , col = "red" , lty = 2 , lwd
   = 2 )
box ( )
```

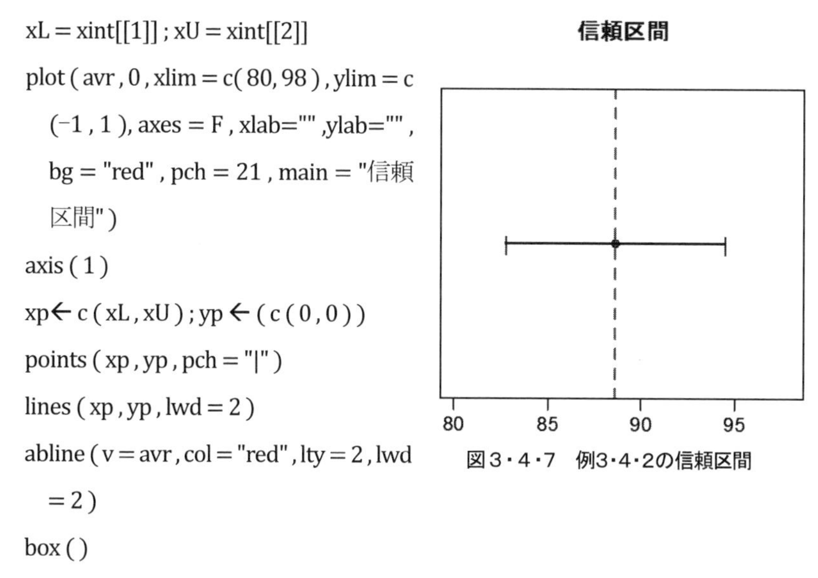

図3・4・7　例3・4・2の信頼区間

ここで，xint には信頼下限と信頼上限，avr には標本の平均値が入っているものとする．関数 **points** はx座標とy座標を指定して，それらの点に指定した記号を記入するもの，関数 lines はそれらの点間を線で結び，関数 **box** は図を囲む枠線を引くものである．

3・5　Rを用いた統計的仮説検定

本節では，Rによる統計的仮説検定の方法を述べる．標本分布としてよく用いられる標準正規分布，t分布，F分布，χ^2分布を選び，これらの分布を使用して検定を行う平均値の検定（z検定，t検定），等分散の検定（F検定），独立性の検定（χ^2検定）を取り上げ，それらをRの関数により行う．

これらのほかにも種々の検定があるが，上記3種類の確率分布を用いた検定がほとんどであり，それぞれの検定において検定統計量（後述）の計算さえ行えば，それから先の手順は同一となる（第２・３・８項の相関係数の検定を参照）．したがって，本節の記述を参考にすれば，各自で関数を作成して実行することができると考える．その際は，インターネット上にも多くの人が有益な情報を公開しているので，参照してほしい．それが，フリーソフトであるRの特徴を活かした利用法である．

3・5・1　平均値の検定（z検定とt検定）

（１）母分散が既知の場合（z検定）

母分散がわかっている場合の平均値の検定は，$\overline{X}$を標本平均，μを母平均としたとき，

$$\text{帰無仮説}\quad H_0\colon \overline{X} = \mu$$

$$\text{対立仮説}\quad H_1\colon \overline{X} \neq \mu$$

と仮説を立て，検定統計量Zを

$$Z = \frac{\sqrt{n}\left(\overline{X} - \mu\right)}{\sigma}$$

により計算して，この値が棄却域にあるか，そうでないかを調べる．**検定統計量**とは，検定に用いられる標準化された統計量のことである．ここで，σは母集団の標準偏差（母分散はσ^2），nは標本数である．標本平均，母平均，母分散，標本数，有意水準が与えられたとき，この検定を行う関数 ztest を次のように作

成し，“zkentei.r”のファイル名で保存する．

```
ztest ← function ( avr , myu , sgm , n , alfa , side )
# alfa : kikenritsu , avr : hyouhonheikin , myu : boheikin , n : hyouhonsu
# sgm : hyoujunhensa
# side : ( 0 : ryougawa , 1 : migigawa , 2 : hidarigawa )
{
  z ← sqrt ( n ) * ( avr−my ) / sgm
  cat ( "検定統計量 z¥n" )
  print ( z )
  if ( side ==0 ) alfa ← alfa / 2
  xr ← −qnorm ( alfa )
  cat ( "棄却域¥n" )
  print ( xr )
  cat ( "検定結果¥n" )
  if ( abs ( z ) > xr )
    cat ( "      棄却¥n" )
  else
    cat ( "      採択¥n" )
}
```

使用するパラメータはコメント行に記した通りである．sideの数値により，両側検定，右側検定，左側検定の区別をしている．この関数は，検定統計量zの値によって棄却かどうかの判定を行っているが，zの累積分布関数値が有意水準を超えるかどうか調べて判定することもできる．その場合には関数zkenteiの

```
if ( side ==0 ) alfa ← alfa / 2
```

の行以下を次のように変更すればよい．ただし，if文中の==は両辺の値が等しいことを示す比較演算子である．なお，検定統計量の確率変数Zの実現値は小

文字のzで表している（以降の検定でも同様）.

```
pr ← pnorm (−abs ( z ) )
cat ( "確率¥n" )
print ( pr )
cat ( "検定結果¥n" )
if ( pr < alfa )
   cat ( "     棄却¥n" )
else
   cat ( "     採択¥n" )
```

【例３・４・３】ある市の職員の平均年齢は41.2歳である．この市のある部署の35人の平均年齢を調べたところ，42.0歳であった．過去のデータからこの市の職員の平均年齢の標準偏差は2.1歳であることがわかっている．この部署の平均年齢は市の職員の平均年齢よりも高いといえるかどうか，有意水準5%で検定せよ．

［解］　帰無仮説H_0と対立仮説H_1を，

$$H_0\text{: } \overline{X} = 41.2,\ \ H_1\text{: } X > 41.2$$

として，次のように関数ztestを実行する．

```
> source ( "zkentei.r" )
> ztest ( 42.0 , 41.2 , 2.1 , 35 , 0.05 , 1 )
```

すると, 以下のような結果が得られて, 帰無仮説は棄却され, 対立仮説が採択されるため, この部署の平均年齢は市の職員の平均年齢よりも高いといえる.

```
検定統計量 z
[1] 2.253745
棄却域
[1] 1.644854
検定結果
```

棄却

また，関数 pnorm で統計検定量 z の累積分布確率を求めてみると，0.01210612 となり，有意水準 0.05 よりも小さいのでこの値からも帰無仮説が棄却されることがわかる．

この例の場合の棄却域と検定統計量（赤色で示す）を，次のようにして標準正規分布上に図示するのが図3・4・8である．

```
> alfa ← 0.05
> xr ← qnorm ( 1−alfa )
> z ← 2.253745
> curve ( dnorm ( x , mean = 0 , sd = 1 ) , from =−4 , to = 4 , main ="棄却域と検
  定統計量 z" , xlab = "Z" , ylab = "dnorm(Z)" , lwd = 2 )
> abline ( v = xr , lty = 2 , lwd = 2 )
> abline ( v = z , lwd = 2 , col = "red" )
> text ( 2.5 , 0.1 , "棄却域" )
> text ( z + 0.2 , 0.3 , "z" , col = "red" )
```

R においては，グラフの横軸および縦軸は基本的に x 軸，y 軸と決まっているため，例えば関数 curve の変数は x である．図3・4・8の横軸は確率変数 Z であるが，スクリプトでは x 軸として扱い，関係する変数も xr としている．軸ラベルのみを Z や dnorm (Z) と表記している．

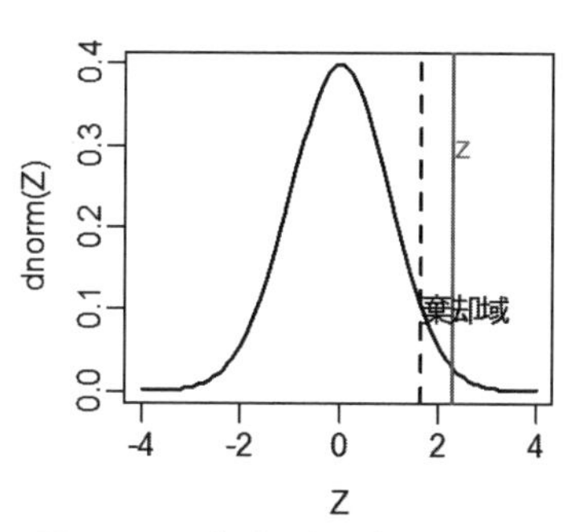

図3・4・8　標準正規分布と検定統計量

【問3・4・4】あるメーカーの食品の 1 袋当たりの分量は 90[g]と決まっており，標準偏差は 2.3[g]である．ある 1 日に生産された製品のうち，30 袋について重量を調べたところ，平均値は 90.8[g]であった．この値が，規定値と異なっているかどうか検定せよ．

［略解］　帰無仮説H_0と対立仮説H_1を，

$$H_0\colon \overline{X} = 90,\ H_1\colon X \neq 90$$

として，次のように関数 ztest を実行すると，検定統計量z=1.905122 となり，両側検定の棄却域は$|z| > 1.959964$であるから，帰無仮説は採択され，規定値と異なっているとはいえない．

（２）母分散が未知の場合（t検定）

母分散がわかっていない場合の検定統計量 Tは次式で与えられる．

$$T = \frac{\sqrt{n}\left(\overline{X} - \mu\right)}{U}$$

ここで，$\overline{X}$, Uは標本から計算した平均値と標準偏差，nは標本数，μは母平均である．この検定を，標本平均，標本の標準偏差，母分散，標本数，有意水準が与えられたとして，次の関数 ttest により行う．関数 ttest は “tkentei.r” のファイル名で保存するものとする．

```
ttest ← function ( avr , myu , U , n , alfa , side )
 # alfa : kikenritsu , avr : hyouhonheikin , myu : boheikin , n : hyouhonsu
 # U : hyoujunhensa
 # side : ( 0 : ryougawa , 1 : migigawa , 2 : hidarigawa )
{
   df ← n−1
   t ← sqrt ( n ) * ( avr−myu ) / U
   cat ( "検定統計量 t¥n" )
   print ( t )
   if ( side == 0 ) alfa ← alfa / 2
   xr ← −qt ( alfa , df )
   cat ( "棄却域¥n" )
   print ( xr )
```

```
  cat ( "検定結果¥n" )
  if ( abs ( t ) > xr )
    cat ( "      棄却¥n" )
  else
    cat ( "      採択¥n" )
}
```

この関数のパラメータは，ztest の場合の sgm が母集団の標準偏差から標本の標準偏差 U に変わった以外は同じである．

【例３・４・４】 ある運動器具のメーカーが腹囲を減らすための器具を開発中である．被験者８人に１ヵ月間使用してもらったデータは次の表３・４・６の通りである．データは使用後の値から使用前の値を引いたものである．このとき，腹囲に変化があったといえるかどうかを有意水準 0.05 で検定せよ．

表３・４・６　例：腹囲の変化（単位は㎝）

−4.1	−3.2	+1.5	+2.3	+0.1
−2.2	−0.6	−1.2		

［解］　帰無仮説 H_0 と対立仮説 H_1 を，

$$H_0: \ \overline{X} = 0, \ \ H_1: \ X \neq 0$$

として次のようにして関数 ttest を実行する．

```
> source ( "ttest.r" )
> x ← c (−4.1 ,−3.2 , 1.5 , 2.3 , 0.1 ,−2.2 ,−0.6 ,−1.2 )
>avr←mean(x);U ←sd(x);alfa←0.05;n←8
>ttest(avr,0,U,n,alfa,0)
```

出力結果は，

```
検定統計量t
[1]  -1.180288
棄却域
[1]  2.364624
```

検定結果

　採択

となって，帰無仮説は棄却できないため，腹囲に変化があるとはいえない．また，tの累積分布確率をpt(−abs(t), df)*2（両側検定なので2倍している）により求めてみても，0.2764345となって，$\alpha/2 = 0.025$より大きくなっていることがわかる．

z検定の場合と同様に，次のようにして，この場合の棄却域とtの値をt分布のグラフ上に重ねて表示する（図3・4・9）．

```
> alfa ← 0.05 ; df ← 7
> x1 ← qt ( alfa / 2 , df )
> x2 ← qt ( 1−alfa / 2 , df )
> t←−1.180288
> curve ( dt (x , df ) , from =−4 , to = 4 ,
  main ="棄却域と検定統計量 t " ,
  ylab = "dt(x)" , lwd = 2 )
> abline ( v = x1 , lty = 2 , lwd = 2 )
> abline ( v = x2 , lty = 2 , lwd = 2 )
> abline ( v = t , lwd = 2 , col = "red" )
> text ( 2.5 , 0.1 , "棄却域" )
> text (−2.5 , 0.1 , "棄却域" )
> text ( t 1 −0.2 , 0.3 , "t" , col = "red" )
```

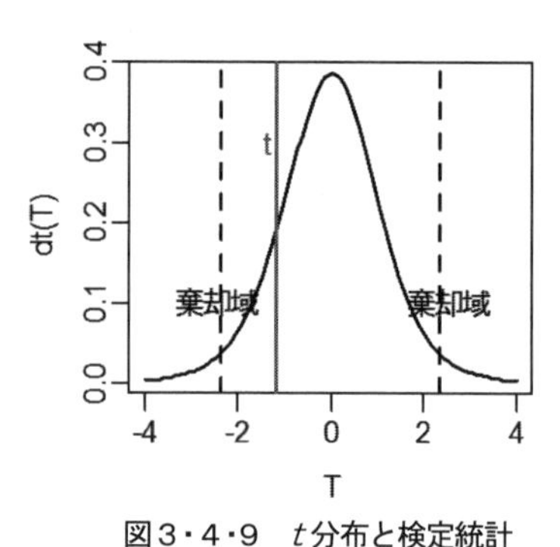

図3・4・9　t分布と検定統計

【問3・4・5】 ある検定試験の最近の1年間の平均点は63.1点である．この検定のための通信教育を受けた受験者43人の平均点を調べてみたら65.9点，標準偏差2.0点であった．この点数は受験者全体の平均点と比べたとき，高いといえるかどうか有意水準5%で検定せよ．

［解］　帰無仮説および対立仮説を

$$H_0\colon \overline{X} = 63.1,\ \ H_1\colon X > 63.1$$

として関数 ttest を実行すると，$t = 9.180414$が得られ，H_0は棄却されて通信教育を受けた受験生の平均点は全体の平均点よりも高いといえる．

t検定について関数を作成して問題を解いたが，R ではこの検定のための関数 **t.test** が用意されており，t.test(データ,mu=母平均,alternative=検定の種類)として使用する．ここで，パラメータ alternative は"greater"のとき右側検定，"less"で左側検定，"two.sided"が両側検定である．例３・４・４をこの関数を用いて解くと次のようになる．

```
> x ← c (−4.1 ,−3.2 , 1.5 , 2.3 , 0.1 ,−2.2 ,−0.6 ,−1.2 )
> t.test ( x , alternative = "two.sided" )
            One Sample t-test
data:   x
t = -1.1803, df = 7, p-value = 0.2764
alternative hypothesis: true mean is not equal to 0
95 percent confidence interval:
 -2.7781722   0.9281722
sample estimates:
mean of x
    -0.925
```

この結果の検定統計量tの値（t 値とも呼ばれる）と検定結果はいずれも作成した関数 ttest の結果と一致している．t値での累積分布値（p値）も先に記した値と等しい．さらに，出力結果として平均値の区間推定も得られている．前節で作成した関数 conf による計算結果と比較してみると，

```
> source ( "shinrai1.r" )
> conf ( alfa , avr , n , sgm )
```

```
[[1]]
[1] -2.778172
[[2]]
[1] 0.9281722
```

となって，一致していることが確かめられる.

３・５・２　等分散の検定（*F*検定）

（１）*F*分布

等分散の検定では *F* 分布を使用するので，まずこの分布を描いてみる．t分布の場合を参考にして，次のようにすれば図３・４・１０が描画される.

```
>curve(df(x,60,10),0,5,ylab="dF",
  col="red",main="F 分布のグラフ")
> curve ( df ( x , 15 , 10 ) , 0 , 5 , add =
  TRUE , col = "blue" , lty = 2 )
>curve ( df ( x,5 , 10 ),0 , 5 , add = TRUE ,
  col = "green" , lty = 3 )
>labels ← c ( "n=(60,10)" , "n=(15,10)" ,
  "n=(5,10)" )
>cols ← c ( "green" , "blue" , "red" )
>lts ← c ( 1 , 2 , 3 )
>legend ( "topright" , legend = labels , col = cols , lty = lts )
```

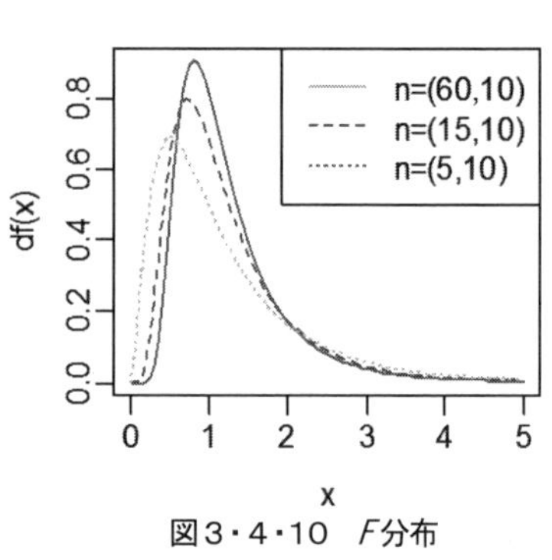

図３・４・10　*F*分布

ただし，ここでは自由度を$n=(n_1,n_2)$として，n_1を変化させて青，緑，赤の３色の実線で分布値を表した.

（２）等分散の検定

等分散の検定は平均値の差の検定を行う際によく用いられる検定で，２つの母集団がそれぞれ$N(\mu_1,\sigma_1^2)$，$N(\mu_2,\sigma_2^2)$，に従う場合において，いずれの母平均も母分散も未知であるとき，次式により2つの分散が等しいかどうかを検定するものである．

$$F = \frac{{U_2}^2}{{U_1}^2}$$

ここで，U_1, U_2はそれぞれ2つの母集団からm個，n個の標本を抜き出して求めた標準偏差である．このとき，帰無仮説および対立仮説を

$$H_0:\ {\sigma_1}^2 = {\sigma_2}^2,\quad H_1:\ {\sigma_1}^2 \neq {\sigma_2}^2$$

と設定し，検定統計量（F値）が棄却域にあるかどうか調べる．この検定を行う関数は次のようになる．

```
ftest←function(var1,var2,n1,n2,alfa)
 # alfa : kikenritsu , U1 , U2 : hyouhonbunsan , n1 , n2 :
 {
    df1 ← n−1 ; df2 ← n2−1
    f ← U 1/U2
    if ( f< 1 ) f ← 1 / f
    cat ( "検定統計量 f¥n" )
    print ( f )
    alfa ← 1−alfa/2
    xr ← qf ( alfa , df1 , df2 )
    cat ( "棄却域¥n" )
    print ( xr )
    cat ( "検定結果¥n" )
    if ( f> xr )
       cat ( "       棄却¥n" )
    else
       cat ( "       採択¥n" )
```

```
}
```

パラメータはコメント行に書いた通りである．この検定は両側検定となるが，F値が１以上になるようにして，右側だけで判定している．

【例３・４・５】 ある工業用部品の会社では 2 つの工場でネジを生産している．工場によるサイズのばらつきを調べるために，2 つの工場から 20 個ずつのサンプルを抽出して長さを測り，分散を求めたところ，それぞれ 1.2，1.4 であった．この分散の相違について，差があるかどうか有意水準 1%で検定せよ．

［解］　帰無仮説および対立仮説を上述の通りに設定し，関数 ftest により，次のようにして検定を行う．

```
> ftest ( 1.2 , 1.4 , 20 , 20 , 0.01)
検定統計量 f
[1] 1.166667
棄却域
[1] 3.43175
検定結果
    採択
```

この結果から，帰無仮説は棄却されないので，2 つの分散の値には，有意水準 1%で差はないといえる．

t 分布の場合に行ったように，上の例について，F分布のグラフに棄却域を重ねて描いてみる（図３・４・１１）．そのためには次のようにすればよい．

```
alfa ← 0.01 ; df1 ← 19 ; df2 ← 19
x1 ← qf ( alfa / 2 , df1 , df2 )
x2 ← qf ( 1−alfa / 2 , df1 , df2 )
f ← 1.166667
```

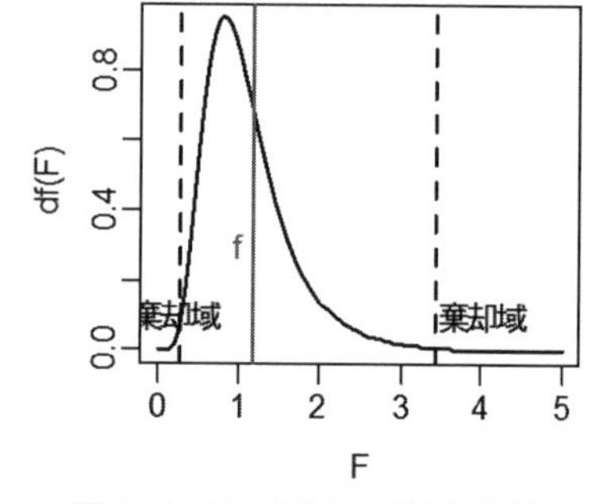

図３・４・11　F分布と検定統計量

```
curve ( df ( x , df1 , df2 ) , 0 , 5 , main = "棄却域と検定統計量 f" ,xlab = "F" , ylab =
   "df(F)" , lwd = 2 )
ylab = "df(x)" , lwd = 2 )
abline ( v = x1 , lty = 2 , lwd = 2 )
abline ( v = x2 , lty = 2 , lwd = 2 )
abline ( v = f , lwd = 2 , col = "red" )
text ( 4 , 0.1 , "棄却域" )
text ( 0.2 , 0.1 , "棄却域" )
text ( f−0.2 , 0.3 , "f" , col = "red" )
```

【問３・４・６】スーパーマーケットA店と果物店B店でのほぼ同価格のリンゴ1袋の重さのばらつきに差があるかどうか調べるために，それぞれ5個，6個のサンプルの重さを計測したところ，表３・４・７の通りであった．有意水準5%で検定を行え．

表３・４・７　例：2店で買ったリンゴの重さ（単位はg）

A店：	285	306	278	293	315	
B店：	312	285	279	312	268	285

［略解］　帰無仮説および対立仮説は例３・４・５と同様として，関数ftestで検定を行う．
${U_1}^2 = 228.3$, ${U_2}^2 = 324.5667$，であるから

$$F = \mathrm{ftest}\left({U_1}^2, {U_2}^2, 5,6,0,05\right) = 1.421667$$

となり，帰無仮説は棄却されないので，2店のリンゴの重さのばらつきには差がないといえる．

F検定を行う関数はRでも用意されており，2組のデータをパラメータx , yに与えて**var.test(x,y)**により実行する．この関数を用いて問３・４・６の検定を行ってみると，

```
> var.test ( x , y )
```

```
            F test to compare two variances
data:   x and y
F = 0.7034, num df = 4, denom df = 5, p-value = 0.7551
alternative hypothesis: true ratio of variances is not equal to 1
95 percent confidence interval:
 0.09520984 6.58696319
sample estimates:
ratio of variances
          0.7033994
```

となって，F値は ftest で求めた値の逆数となっているから左側検定を行うことになり，その累積分布値は 0.025 より大きいので帰無仮説は棄却されている．この値は関数 **pf** を用いて

```
> f← 0.7034 ; df1 ← 4 ; df2 ← 5
> 2 * pf ( f , df1 , df2 )
[1] 0.7551066
```

として求めた値と一致する．しかし，ftest で求めたF値 1.421667 の累積分布値を求めてみると，

```
> f← 1.421667 ; df1 ← 4 ; df2 ← 5
> 2 * ( 1-pf ( f , df1 , df2 ) )
  [1] 0.6978538
```

となって一致していない．これはF分布の左右非対称性に起因するもので，F検定で左側検定や右側検定を行う場合は，それぞれの側の棄却域を求めて行う必要がある．

３・５・３　独立性の検定（χ^2検定）

（１）χ^2分布

まず，独立性の検定で用いるχ^2**分布**を描いてみる．自由度を１から５までfor文で１ずつ変化させながら図３・４・１２に示す確率密度関数の曲線を表示させるには次のようにする．

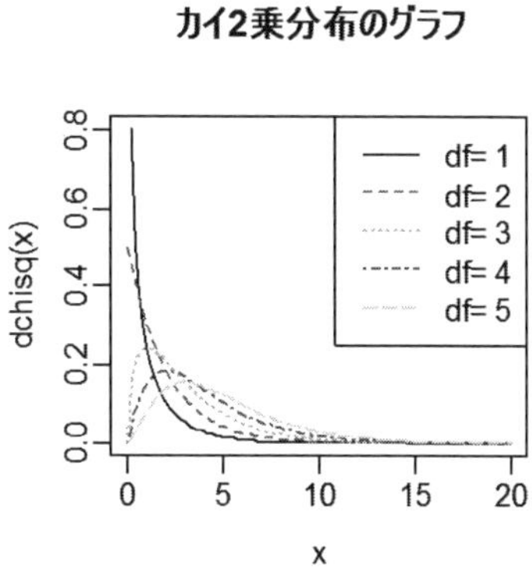

```
> curve ( dchisq ( x , 1 ) , 0 , 20 , ylab = "dchisq(x)" , col = 1 , main ="カイ 2 乗分布のグラフ", lty = 1 )
> for ( i in 2 : 5 ) {
> curve ( dchisq ( x,i ) , 0, 20 , add = TRUE, col = i , lty = i ) }
> labels ← rep ( "df=" , 5 )
> labels ← paste ( labels , 1 : 5 )
> cols ← 1 : 5
> lts ← 1 : 5
> legend ( "topright" , legend = labels , col =  cols , lty = lts )
```

図３・４・12　χ^2分布

ここで，関数 rep は文字列や数値などを指定した個数与えるもので（第３・２・２項参照），関数 **paste** は文字列を結合するものである．この図ではdfの値ごとに色と線種を変えており，白黒ではわかりにくいが，グラフのx軸の左端で最大値を取る右下がりの曲線が$df = 1$と$df = 2$で，それ以外は山型を示し，ピーク値の大きい順にdfが３から５となる．

（２）独立性の検定

表３・４・８の表に示すように，行列の行方向に属性$A_i, (i = 1 \sim m)$，列方向に属性$B_j, (j = 1 \sim n)$を取ったデータが与えられているとする．この表のことを$m \times n$**分割表**という（**クロス集計表**ということもある(13)．こ

表３・４・８　$m \times n$ 分割表

	B_1	B_2	…	B_n	合計
A_1	x_{11}	x_{12}	…	x_{1n}	$y_{1\bullet}$
A_2	x_{21}	x_{22}	…	x_{2n}	$y_{2\bullet}$
⋮	⋮	⋮	⋮	⋮	⋮
A_m	x_{m1}	x_{m1}	…	x_{mn}	$y_{m\bullet}$
合計	$y_{\bullet 1}$	$y_{\bullet 2}$	…	$y_{\bullet n}$	n

の場合の独立性の検定は,

H_0: 2 つの属性群は独立である

H_1: 2 つの属性群は独立ではない

の仮説について，検定統計量

$$X^2 = \Sigma_{\mathrm{i,j}} \frac{\left(x_{ij} - \frac{y_{i\bullet} y_{\bullet j}}{n}\right)^2}{\frac{y_{i\bullet} y_{\bullet j}}{n}}$$

の値から，χ^2分布を用いて行われる．この式の右辺の$\frac{y_{i\bullet} y_{\bullet j}}{n}$は与えられたデータ$x_{ij}$に対応する期待度数と呼ばれる．したがって，検定統計量は各データから期待度数を引いて 2 乗した値を期待度数で割ったものを，全データについて足し合わせた値となる．そこで，与えられたデータと期待度数の 2 つの表を作成して，その成分値どうしから計算を行うものとする(14).

$m \times n$分割表の形式で与えられたデータをDする．Dの各行の合計を$yoko$に，各列の合計を$tate$に計算する部分は次のようになる．

```
yoko ← rep ( 0 , m )
for ( i in 1 : m ) {
   yoko [ i ]← sum ( D [ i , ] ) }
D ← cbind ( D , yoko )
np1 ← n + 1 ; mp1← m + 1
tate ← rep ( 0 , np1 )
for ( i in 1 : np1 ) {
   yoko [ i ] ← sum( D [ , i ] ) }
D ← rbind ( D , yoko )
cat ( "クロス集計表¥n" )
print ( E ) ; cat("¥n")
```

初めに与えられたDに，各列，各行の合計を求めた列と行を追加して，これを新たにDと置いている．列や行を追加するには，それぞれ関数 cbind，rbind を用いる（第３・１・９項参照）．次に，期待度数Eを次のようにして求める．

```
E ← matrix ( 0 , nrow = mp1 , ncol = np1 )
for ( i in 1 : n ) {
  p ← D [ mp1 , i ] / D [mp1 , np1 ]
E[ , i ] ← D [ , np1 ] * p }
for ( i in 1 : n ) {
  E [ , n ] ← E [ , np1 ] + E [ , i ] }
cat ( "期待度数表¥n" )
print ( E ) ; cat ( "¥n" )
```

最初の行は合計の行と列を加えたサイズ$(m+1)\times(n+1)$の期待度数Eの初期化である．$E[,i]$の表現はi行の全要素を表している．この計算は，わかりやすいように2×2分割表（合計の行と列を加えると3×3）の例で考えれば，

１列目

E［1，1］＝D［1，3］＊D［3，1］／D［3，3］
E［2，1］＝D［2，3］＊D［3，1］／D［3，3］

２列目

E［1，2］＝D［1，3］＊D［3，2］／D［3，3］
E［2，2］＝D［2，3］＊D［3，2］／D［3，3］

となって，各列についての反復が２回（実線部分），列内における反復が２回（点線部分）の計算となるので，２重 for 文で処理できるが，R では行や列に対する一括処理ができるので，上記のように書いている．

続いて，検定統計量χ^2の値を求める．

```
chi2 ← sum ( ( d−e ) ^ 2 / e )
cat ( "検定統計量 chisq¥n" )
print ( chi2 ) ; cat("¥n")
```

最後に，棄却域を求めて，χ^2値との比較により検定を行う．

```
df ← ( m−1) * ( n−1 )
cat ( "棄却域¥n" )
xu ← qchisq ( alfa , df , lower.tail = FALSE )
print ( xu )
cat ( "検定結果¥n" )
if ( chi2 > xu )
   cat ( "      棄却¥n" )
else
   cat ( "      採択¥n" )
cat( "累積分布確率¥n" )
print ( pchisq ( chi2 , df , lower.tail = FALSE ) )
```

関数 pchisq のパラメータ lower.tail は累積分布を左側から計算するためのものである．この検定の場合は，独立かどうかの判定であるので片側（右側）検定をすればよいからである．以上をまとめて 1 つの関数 chisqtest にしたものを示す．

```
chisqtest ← function ( d , m , n , alfa )
{
   yoko ← rep ( 0 , m )
   for ( i in 1 : m ) {
      yoko [ i ] ← sum ( d [ i , ] ) }
   d ← cbind ( d , yoko )
   np1 ← n + 1 ; mp1 ← m + 1
   tate ← rep ( 0 , np1 )
   for ( i in 1 : np1 ) {
      tate [ i ] ← sum ( d [ , i ] ) }
   d ← rbind ( d , tate )
```

```
  cat ("クロス集計表¥n")
  print (d) ; cat ("¥n")
  e ← matrix (0, nrow = mp1, ncol = np1)
  for (i in 1 : n) {
    p ← d [mp1, i] / d [mp1, np1]
    e [, i] ← d [, np1] * p }
  for (i in 1 : n) {
    e [, np1] ← e[, np1] + e [, i] }
  cat ("期待度数表¥n")
  print (e) ; cat ("¥n")
  chi2 ← sum ((d-e) ^ 2 / e)
  cat ("検定統計量¥n")
  print (chi2) ; cat ("¥n")
  df ← (m-1) * (n-1)
  cat ("棄却域¥n")
  xu ← qchisq (alfa, df, lower.tail = FALSE)
  print (xu)
  cat ("累積分布確率¥n")
  print (pchisq (chi2, df, lower.tail = FALSE))
  cat ("検定結果¥n")
  if (chi2 > xu)
    cat ("     棄却¥n")
  else
    cat ("     採択¥n")
}
```

【例３・４・６】 ある大学の学生に対して，海外留学の経験の有無と，英語の試験の評価について関係があるかどうか調べるために行ったアンケートの結果をまとめたものが表３・４・９である．この関係について有意水準5%で検定せよ．ただし，A評価とは80点以上を，B評価以下は80点未満を意味する．

表３・４・９　例：海外留学経験と英語の評価

	留学経験有り	留学経験なし	合計
A評価	54	133	187
B評価以下	24	89	113
合計	78	222	300

［解］　関数chisqtestを用いて次のように行う．

```
> source ( "chisqtest.r" )
> d1← c ( 54 , 24 ) ; d2 ← c ( 133 , 89 )
> d ← cbind ( d1 , d2 )
> chisqtest ( d , 2 , 2 , 0.05 )
クロス集計表
       d1   d2   yoko
       54  133   187
       24   89   113
tate   78  222   300
期待度数表
          [,1]     [,2]    [,3]
[1,]    48.62   138.38    187
[2,]    29.38    83.62    113
[3,]    78.00   222.00    300
検定統計量
[1]  2.135801
棄却域
```

[1]　3.841459

累積分布確率

[1]　0.1438953

検定結果

　採択

結果を見ると，χ^2値は 2.135801 であり，帰無仮説H_0が採択され，H_1は棄却されるので，留学経験と英語の点数の間には関係があるとはいえない．

χ^2検定はＲの関数 **chisq.test** でも行うことができる．その際は次のようにする（例３・４・６のデータを用いている）．

```
> chisq.test ( d , correct = F )

        Pearson's Chi-squared test

data:   d
X-squared = 2.1358, df = 1, p-value = 0.1439
```

このように，χ^2値も累積分布値も chisqtest で求めた値と一致している．ただし，パラメータ correct はＦとして，イェイツの連続性補正（2 × 2分割表の場合に行われる補正）を行わないようにしている．

【問３・４・７】ある会社で 30 代，40 代，50 代の社員によく見るテレビ番組のジャンルについて調査を行った．その結果をまとめたものが表３・４・１０である．年代とジャンルについて関係があるといえるかどうか有意水準 5%で検定せよ．

表３・４・１０　例：年齢層とよく見るテレビのジャンル

	ニュース	バラエティ	スポーツ	ドラマ	合計
30代	9	18	7	14	48
40代	17	11	10	12	50
50代	22	7	10	8	47
合計	48	36	27	34	145

［略解］関数 chisqtest で検定を行うと，χ^2値は 12.95327 で累積分布確率は 0.04378413

であり，帰無仮説は棄却され，年代層とよく見る番組のジャンルは関係があることがわかる．この結果は chisq.test の結果とも一致する．

この問３・４・７の場合について，χ^2分布のグラフ上に棄却域とχ^2値を表示すると図３・４・１３のようになる．描画させるためには次のようにする．

```
> alfa ← 0.05 ; df ← 6
> xu ← qchisq ( alfa , df , lower.tail =
  FALSE )
> chi2 ← 12.95327
> curve ( dchisq ( x ,df) , 0 , 20 , main
  ="カイ２乗検定の棄却域と検定統
  計量 chi2" , xlab = "CHI2",  ylab =
  "dchisq(CHI2)" , lwd = 2 )
> abline ( v = xu , lty = 2 , lwd = 2 )
> abline ( v = chi2 , lwd = 2 , col =
  "red" )
> text ( 14 , 0.1 , "棄却域" )
> text ( 14.5 , 0.05 , "chi2" , col = "red" )
```

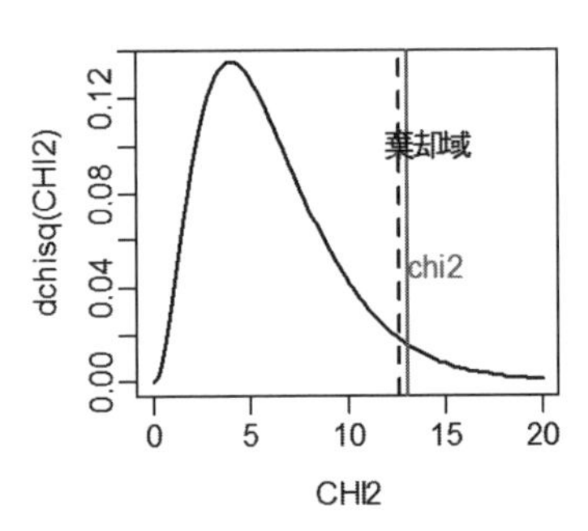

図３・４・13　χ^2分布と検定統計量

最後に，この図の棄却域に色（ここでは黄色）を付けてみる．そのためには，

```
> xs ← seq ( xu , 20, length = 30 )
> xd ← c ( xs , rev ( xs ) )
> yd ← c ( dchisq ( xs , df ) , rep ( 0 , 30 ) )
> polygon ( xd , yd , col = "yellow" )
> abline ( h = 0 )
```

とすれば，図３・４・１４が得られる．ここで，関数 **polygon** はパラメータで指定され

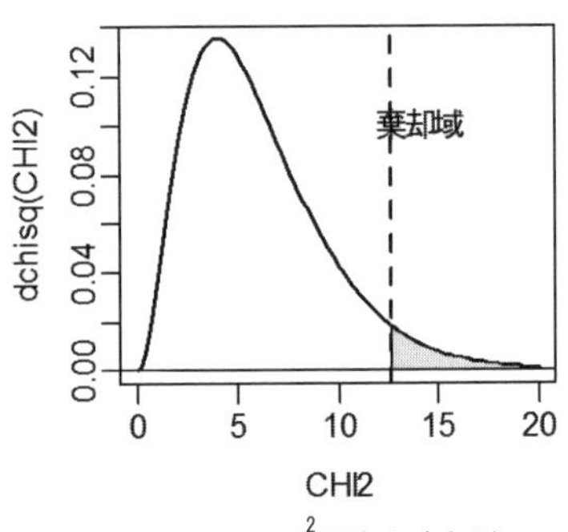

図３・４・14　χ^2分布と棄却域

たx座標とy座標の組を順にたどってできる多角形を塗りつぶすもので，この場合は図３・４・１５のように多角形が構成される(15)．この関数はこれまでの標本分布の例でも同様に使用できるので試してみてほしい．関数 **rev** は逆順の並びを与えるものである．最後に abline のパラメータhに 0 を指定して確率が 0 の位置に横線を引いている．

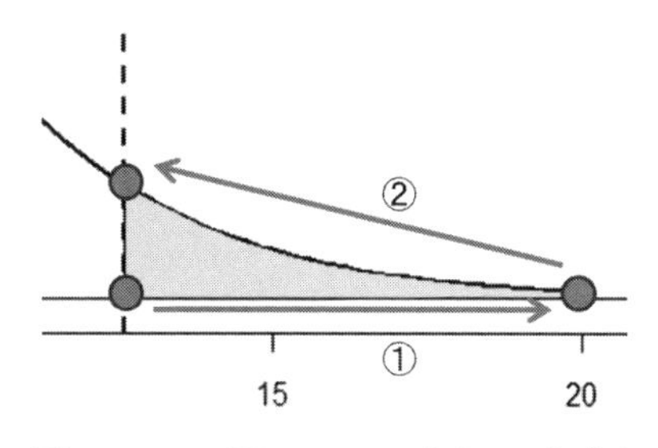

図3・4・15　図3・4・14の多角形の作成法

付　　表

付表１　標準型正規分布表

$$P(Z \leq z_0) = \frac{1}{\sqrt{2\pi}} \int_{-\infty}^{z_0} e^{-\frac{z^2}{2}} dz \text{ の値 } \alpha$$

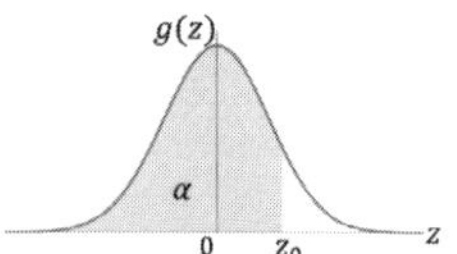

z_0	0.00	0.01	0.02	0.03	0.04	0.05	0.06	0.07	0.08	0.09
0.0	0.50000	0.50399	0.50798	0.51197	0.51595	0.51994	0.52392	0.52790	0.53188	0.53586
0.1	0.53983	0.54380	0.54776	0.55172	0.55567	0.55962	0.56356	0.56749	0.57142	0.57535
0.2	0.57926	0.58317	0.58706	0.59095	0.59483	0.59871	0.60257	0.60642	0.61026	0.61409
0.3	0.61791	0.62172	0.62552	0.62930	0.63307	0.63683	0.64058	0.64431	0.64803	0.65173
0.4	0.65542	0.65910	0.66276	0.66640	0.67003	0.67364	0.67724	0.68082	0.68439	0.68793
0.5	0.69146	0.69497	0.69847	0.70194	0.70540	0.70884	0.71226	0.71566	0.71904	0.72240
0.6	0.72575	0.72907	0.73237	0.73565	0.73891	0.74215	0.74537	0.74857	0.75175	0.75490
0.7	0.75804	0.76115	0.76424	0.76730	0.77035	0.77337	0.77637	0.77935	0.78230	0.78524
0.8	0.78814	0.79103	0.79389	0.79673	0.79955	0.80234	0.80511	0.80785	0.81057	0.81327
0.9	0.81594	0.81859	0.82121	0.82381	0.82639	0.82894	0.83147	0.83398	0.83646	0.83891
1.0	0.84134	0.84375	0.84614	0.84849	0.85083	0.85314	0.85543	0.85769	0.85993	0.86214
1.1	0.86433	0.86650	0.86864	0.87076	0.87286	0.87493	0.87698	0.87900	0.88100	0.88298
1.2	0.88493	0.88686	0.88877	0.89065	0.89251	0.89435	0.89617	0.89796	0.89973	0.90147
1.3	0.90320	0.90490	0.90658	0.90824	0.90988	0.91149	0.91309	0.91466	0.91621	0.91774
1.4	0.91924	0.92073	0.92220	0.92364	0.92507	0.92647	0.92785	0.92922	0.93056	0.93189
1.5	0.93319	0.93448	0.93574	0.93699	0.93822	0.93943	0.94062	0.94179	0.94295	0.94408
1.6	0.94520	0.94630	0.94738	0.94845	0.94950	0.95053	0.95154	0.95254	0.95352	0.95449
1.7	0.95543	0.95637	0.95728	0.95818	0.95907	0.95994	0.96080	0.96164	0.96246	0.96327
1.8	0.96407	0.96485	0.96562	0.96638	0.96712	0.96784	0.96856	0.96926	0.96995	0.97062
1.9	0.97128	0.97193	0.97257	0.97320	0.97381	0.97441	0.97500	0.97558	0.97615	0.97670
2.0	0.97725	0.97778	0.97831	0.97882	0.97932	0.97982	0.98030	0.98077	0.98124	0.98169
2.1	0.98214	0.98257	0.98300	0.98341	0.98382	0.98422	0.98461	0.98500	0.98537	0.98574
2.2	0.98610	0.98645	0.98679	0.98713	0.98745	0.98778	0.98809	0.98840	0.98870	0.98899
2.3	0.98928	0.98956	0.98983	0.99010	0.99036	0.99061	0.99086	0.99111	0.99134	0.99158
2.4	0.99180	0.99202	0.99224	0.99245	0.99266	0.99286	0.99305	0.99324	0.99343	0.99361
2.5	0.99379	0.99396	0.99413	0.99430	0.99446	0.99461	0.99477	0.99492	0.99506	0.99520
2.6	0.99534	0.99547	0.99560	0.99573	0.99585	0.99598	0.99609	0.99621	0.99632	0.99643
2.7	0.99653	0.99664	0.99674	0.99683	0.99693	0.99702	0.99711	0.99720	0.99728	0.99736
2.8	0.99744	0.99752	0.99760	0.99767	0.99774	0.99781	0.99788	0.99795	0.99801	0.99807
2.9	0.99813	0.99819	0.99825	0.99831	0.99836	0.99841	0.99846	0.99851	0.99856	0.99861
3.0	0.99865	0.99869	0.99874	0.99878	0.99882	0.99886	0.99889	0.99893	0.99896	0.99900

付表２　標準型正規分布表の逆分布

$$P(Z \leq z_0) = \frac{1}{\sqrt{2\pi}} \int_{-\infty}^{z_0} e^{-\frac{z^2}{2}} dz = \alpha となる z_0 の値$$

α	0.000	0.001	0.002	0.003	0.004	0.005	0.006	0.007	0.008	0.009
0.50	0.0000	0.0025	0.0050	0.0075	0.0100	0.0125	0.0150	0.0175	0.0201	0.0226
0.51	0.0251	0.0276	0.0301	0.0326	0.0351	0.0376	0.0401	0.0426	0.0451	0.0476
0.52	0.0502	0.0527	0.0552	0.0577	0.0602	0.0627	0.0652	0.0677	0.0702	0.0728
0.53	0.0753	0.0778	0.0803	0.0828	0.0853	0.0878	0.0904	0.0929	0.0954	0.0979
0.54	0.1004	0.1030	0.1055	0.1080	0.1105	0.1130	0.1156	0.1181	0.1206	0.1231
0.55	0.1257	0.1282	0.1307	0.1332	0.1358	0.1383	0.1408	0.1434	0.1459	0.1484
0.56	0.1510	0.1535	0.1560	0.1586	0.1611	0.1637	0.1662	0.1687	0.1713	0.1738
0.57	0.1764	0.1789	0.1815	0.1840	0.1866	0.1891	0.1917	0.1942	0.1968	0.1993
0.58	0.2019	0.2045	0.2070	0.2096	0.2121	0.2147	0.2173	0.2198	0.2224	0.2250
0.59	0.2275	0.2301	0.2327	0.2353	0.2378	0.2404	0.2430	0.2456	0.2482	0.2508
0.60	0.2533	0.2559	0.2585	0.2611	0.2637	0.2663	0.2689	0.2715	0.2741	0.2767
0.61	0.2793	0.2819	0.2845	0.2871	0.2898	0.2924	0.2950	0.2976	0.3002	0.3029
0.62	0.3055	0.3081	0.3107	0.3134	0.3160	0.3186	0.3213	0.3239	0.3266	0.3292
0.63	0.3319	0.3345	0.3372	0.3398	0.3425	0.3451	0.3478	0.3505	0.3531	0.3558
0.64	0.3585	0.3611	0.3638	0.3665	0.3692	0.3719	0.3745	0.3772	0.3799	0.3826
0.65	0.3853	0.3880	0.3907	0.3934	0.3961	0.3989	0.4016	0.4043	0.4070	0.4097
0.66	0.4125	0.4152	0.4179	0.4207	0.4234	0.4261	0.4289	0.4316	0.4344	0.4372
0.67	0.4399	0.4427	0.4454	0.4482	0.4510	0.4538	0.4565	0.4593	0.4621	0.4649
0.68	0.4677	0.4705	0.4733	0.4761	0.4789	0.4817	0.4845	0.4874	0.4902	0.4930
0.69	0.4959	0.4987	0.5015	0.5044	0.5072	0.5101	0.5129	0.5158	0.5187	0.5215
0.70	0.5244	0.5273	0.5302	0.5330	0.5359	0.5388	0.5417	0.5446	0.5476	0.5505
0.71	0.5534	0.5563	0.5592	0.5622	0.5651	0.5681	0.5710	0.5740	0.5769	0.5799
0.72	0.5828	0.5858	0.5888	0.5918	0.5948	0.5978	0.6008	0.6038	0.6068	0.6098
0.73	0.6128	0.6158	0.6189	0.6219	0.6250	0.6280	0.6311	0.6341	0.6372	0.6403
0.74	0.6433	0.6464	0.6495	0.6526	0.6557	0.6588	0.6620	0.6651	0.6682	0.6713
0.75	0.6745	0.6776	0.6808	0.6840	0.6871	0.6903	0.6935	0.6967	0.6999	0.7031
0.76	0.7063	0.7095	0.7128	0.7160	0.7192	0.7225	0.7257	0.7290	0.7323	0.7356
0.77	0.7388	0.7421	0.7454	0.7488	0.7521	0.7554	0.7588	0.7621	0.7655	0.7688
0.78	0.7722	0.7756	0.7790	0.7824	0.7858	0.7892	0.7926	0.7961	0.7995	0.8030
0.79	0.8064	0.8099	0.8134	0.8169	0.8204	0.8239	0.8274	0.8310	0.8345	0.8381
0.80	0.8416	0.8452	0.8488	0.8524	0.8560	0.8596	0.8633	0.8669	0.8705	0.8742
0.81	0.8779	0.8816	0.8853	0.8890	0.8927	0.8965	0.9002	0.9040	0.9078	0.9116
0.82	0.9154	0.9192	0.9230	0.9269	0.9307	0.9346	0.9385	0.9424	0.9463	0.9502
0.83	0.9542	0.9581	0.9621	0.9661	0.9701	0.9741	0.9782	0.9822	0.9863	0.9904
0.84	0.9945	0.9986	1.0027	1.0069	1.0110	1.0152	1.0194	1.0237	1.0279	1.0322
0.85	1.0364	1.0407	1.0450	1.0494	1.0537	1.0581	1.0625	1.0669	1.0714	1.0758
0.86	1.0803	1.0848	1.0893	1.0939	1.0985	1.1031	1.1077	1.1123	1.1170	1.1217
0.87	1.1264	1.1311	1.1359	1.1407	1.1455	1.1503	1.1552	1.1601	1.1650	1.1700
0.88	1.1750	1.1800	1.1850	1.1901	1.1952	1.2004	1.2055	1.2107	1.2160	1.2212
0.89	1.2265	1.2319	1.2372	1.2426	1.2481	1.2536	1.2591	1.2646	1.2702	1.2759
0.90	1.2816	1.2873	1.2930	1.2988	1.3047	1.3106	1.3165	1.3225	1.3285	1.3346
0.91	1.3408	1.3469	1.3532	1.3595	1.3658	1.3722	1.3787	1.3852	1.3917	1.3984
0.92	1.4051	1.4118	1.4187	1.4255	1.4325	1.4395	1.4466	1.4538	1.4611	1.4684
0.93	1.4758	1.4833	1.4909	1.4985	1.5063	1.5141	1.5220	1.5301	1.5382	1.5464
0.94	1.5548	1.5632	1.5718	1.5805	1.5893	1.5982	1.6072	1.6164	1.6258	1.6352
0.95	1.6449	1.6546	1.6646	1.6747	1.6849	1.6954	1.7060	1.7169	1.7279	1.7392
0.96	1.7507	1.7624	1.7744	1.7866	1.7991	1.8119	1.8250	1.8384	1.8522	1.8663
0.97	1.8808	1.8957	1.9110	1.9268	1.9431	1.9600	1.9774	1.9954	2.0141	2.0335
0.98	2.0537	2.0749	2.0969	2.1201	2.1444	2.1701	2.1973	2.2262	2.2571	2.2904
0.99	2.3263	2.3656	2.4089	2.4573	2.5121	2.5758	2.6521	2.7478	2.8782	3.0902

付表３　χ^2分布表

自由度がnのときの$P(\chi^2 \geq x_0) = \alpha$となる$x_0$の値

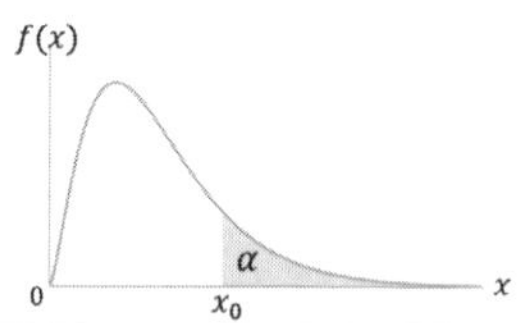

n \ α	0.995	0.990	0.975	0.950	0.925	0.900	0.500	0.100	0.075	0.050	0.025	0.010	0.005
1	0.00004	0.00016	0.0010	0.0039	0.0089	0.0158	0.4549	2.7055	3.1701	3.8415	5.0239	6.6349	7.8794
2	0.01003	0.02010	0.0506	0.1026	0.1559	0.2107	1.3863	4.6052	5.1805	5.9915	7.3778	9.2103	10.597
3	0.0717	0.1148	0.2158	0.3518	0.4720	0.5844	2.3660	6.2514	6.9046	7.8147	9.3484	11.345	12.838
4	0.2070	0.2971	0.4844	0.7107	0.8969	1.0636	3.3567	7.7794	8.4963	9.4877	11.143	13.277	14.860
5	0.4117	0.5543	0.8312	1.1455	1.3937	1.6103	4.3515	9.2364	10.008	11.070	12.833	15.086	16.750
6	0.6757	0.8721	1.2373	1.6354	1.9415	2.2041	5.3481	10.645	11.466	12.592	14.449	16.812	18.548
7	0.9893	1.2390	1.6899	2.1673	2.5277	2.8331	6.3458	12.017	12.883	14.067	16.013	18.475	20.278
8	1.3444	1.6465	2.1797	2.7326	3.1440	3.4895	7.3441	13.362	14.270	15.507	17.535	20.090	21.955
9	1.7349	2.0879	2.7004	3.3251	3.7847	4.1682	8.3428	14.684	15.631	16.919	19.023	21.666	23.589
10	2.1559	2.5582	3.2470	3.9403	4.4459	4.8652	9.3418	15.987	16.971	18.307	20.483	23.209	25.188
11	2.6032	3.0535	3.8157	4.5748	5.1243	5.5778	10.341	17.275	18.294	19.675	21.920	24.725	26.757
12	3.0738	3.5706	4.4038	5.2260	5.8175	6.3038	11.340	18.549	19.602	21.026	23.337	26.217	28.300
13	3.5650	4.1069	5.0088	5.8919	6.5238	7.0415	12.340	19.812	20.897	22.362	24.736	27.688	29.819
14	4.0747	4.6604	5.6287	6.5706	7.2415	7.7895	13.339	21.064	22.180	23.685	26.119	29.141	31.319
15	4.6009	5.2293	6.2621	7.2609	7.9695	8.5468	14.339	22.307	23.452	24.996	27.488	30.578	32.801
16	5.1422	5.8122	6.9077	7.9616	8.7067	9.3122	15.338	23.542	24.716	26.296	28.845	32.000	34.267
17	5.6972	6.4078	7.5642	8.6718	9.4522	10.085	16.338	24.769	25.970	27.587	30.191	33.409	35.718
18	6.2648	7.0149	8.2307	9.3905	10.205	10.865	17.338	25.989	27.218	28.869	31.526	34.805	37.156
19	6.8440	7.6327	8.9065	10.117	10.965	11.651	18.338	27.204	28.458	30.144	32.852	36.191	38.582
20	7.4338	8.2604	9.5908	10.851	11.732	12.443	19.337	28.412	29.692	31.410	34.170	37.566	39.997
21	8.0337	8.8972	10.283	11.591	12.504	13.240	20.337	29.615	30.920	32.671	35.479	38.932	41.401
22	8.6427	9.5425	10.982	12.338	13.282	14.041	21.337	30.813	32.142	33.924	36.781	40.289	42.796
23	9.2604	10.196	11.689	13.091	14.065	14.848	22.337	32.007	33.360	35.172	38.076	41.638	44.181
24	9.8862	10.856	12.401	13.848	14.853	15.659	23.337	33.196	34.572	36.415	39.364	42.980	45.559
25	10.520	11.524	13.120	14.611	15.645	16.473	24.337	34.382	35.780	37.652	40.646	44.314	46.928
26	11.160	12.198	13.844	15.379	16.441	17.292	25.336	35.563	36.984	38.885	41.923	45.642	48.290
27	11.808	12.879	14.573	16.151	17.241	18.114	26.336	36.741	38.184	40.113	43.195	46.963	49.645
28	12.461	13.565	15.308	16.928	18.045	18.939	27.336	37.916	39.380	41.337	44.461	48.278	50.993
29	13.121	14.256	16.047	17.708	18.853	19.768	28.336	39.087	40.573	42.557	45.722	49.588	52.336
30	13.787	14.953	16.791	18.493	19.664	20.599	29.336	40.256	41.762	43.773	46.979	50.892	53.672
40	20.707	22.164	24.433	26.509	27.926	29.051	39.335	51.805	53.501	55.758	59.342	63.691	66.766
50	27.991	29.707	32.357	34.764	36.397	37.689	49.335	63.167	65.030	67.505	71.420	76.154	79.490
60	35.534	37.485	40.482	43.188	45.016	46.459	59.335	74.397	76.411	79.082	83.298	88.379	91.952
70	43.275	45.442	48.758	51.739	53.748	55.329	69.334	85.527	87.680	90.531	95.023	100.425	104.21
80	51.172	53.540	57.153	60.391	62.568	64.278	79.334	96.578	98.861	101.88	106.63	112.33	116.32
90	59.196	61.754	65.647	69.126	71.460	73.291	89.334	107.57	109.97	113.15	118.14	124.12	128.30
100	67.328	70.065	74.222	77.929	80.412	82.358	99.334	118.50	121.02	124.34	129.56	135.81	140.17

付表４　t 分布表

自由度が n のときの $P(T \geq t_0) = \alpha$ となる t_0 の値

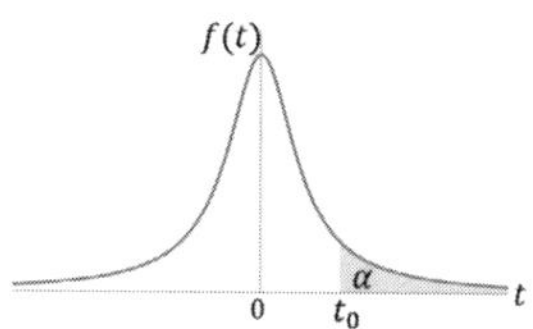

n ＼ α	0.2500	0.1250	0.1000	0.0500	0.0250	0.0125	0.0050	0.0025
1	1.0000	2.4142	3.0777	6.3138	12.706	25.452	63.657	127.32
2	0.8165	1.6036	1.8856	2.9200	4.3027	6.2053	9.9248	14.089
3	0.7649	1.4226	1.6377	2.3534	3.1824	4.1765	5.8409	7.4533
4	0.7407	1.3444	1.5332	2.1318	2.7764	3.4954	4.6041	5.5976
5	0.7267	1.3009	1.4759	2.0150	2.5706	3.1634	4.0321	4.7733
6	0.7176	1.2733	1.4398	1.9432	2.4469	2.9687	3.7074	4.3168
7	0.7111	1.2543	1.4149	1.8946	2.3646	2.8412	3.4995	4.0293
8	0.7064	1.2403	1.3968	1.8595	2.3060	2.7515	3.3554	3.8325
9	0.7027	1.2297	1.3830	1.8331	2.2622	2.6850	3.2498	3.6897
10	0.6998	1.2213	1.3722	1.8125	2.2281	2.6338	3.1693	3.5814
11	0.6974	1.2145	1.3634	1.7959	2.2010	2.5931	3.1058	3.4966
12	0.6955	1.2089	1.3562	1.7823	2.1788	2.5600	3.0545	3.4284
13	0.6938	1.2041	1.3502	1.7709	2.1604	2.5326	3.0123	3.3725
14	0.6924	1.2001	1.3450	1.7613	2.1448	2.5096	2.9768	3.3257
15	0.6912	1.1967	1.3406	1.7531	2.1314	2.4899	2.9467	3.2860
16	0.6901	1.1937	1.3368	1.7459	2.1199	2.4729	2.9208	3.2520
17	0.6892	1.1910	1.3334	1.7396	2.1098	2.4581	2.8982	3.2224
18	0.6884	1.1887	1.3304	1.7341	2.1009	2.4450	2.8784	3.1966
19	0.6876	1.1866	1.3277	1.7291	2.0930	2.4334	2.8609	3.1737
20	0.6870	1.1848	1.3253	1.7247	2.0860	2.4231	2.8453	3.1534
21	0.6864	1.1831	1.3232	1.7207	2.0796	2.4138	2.8314	3.1352
22	0.6858	1.1815	1.3212	1.7171	2.0739	2.4055	2.8188	3.1188
23	0.6853	1.1802	1.3195	1.7139	2.0687	2.3979	2.8073	3.1040
24	0.6848	1.1789	1.3178	1.7109	2.0639	2.3909	2.7969	3.0905
25	0.6844	1.1777	1.3163	1.7081	2.0595	2.3846	2.7874	3.0782
26	0.6840	1.1766	1.3150	1.7056	2.0555	2.3788	2.7787	3.0669
27	0.6837	1.1756	1.3137	1.7033	2.0518	2.3734	2.7707	3.0565
28	0.6834	1.1747	1.3125	1.7011	2.0484	2.3685	2.7633	3.0469
29	0.6830	1.1739	1.3114	1.6991	2.0452	2.3638	2.7564	3.0380
30	0.6828	1.1731	1.3104	1.6973	2.0423	2.3596	2.7500	3.0298
40	0.6807	1.1673	1.3031	1.6839	2.0211	2.3289	2.7045	2.9712
60	0.6786	1.1616	1.2958	1.6706	2.0003	2.2990	2.6603	2.9146
99	0.6770	1.1571	1.2902	1.6604	1.9842	2.2760	2.6264	2.8713
120	0.6765	1.1559	1.2886	1.6577	1.9799	2.2699	2.6174	2.8599
10^10	0.6745	1.1503	1.2816	1.6449	1.9600	2.2414	2.5758	2.8070

付表５　F 分布表$(\alpha = 0.005)$

自由度が (n_1, n_2) のときの $P(F \geq x_0) = 0.005$ となるx_0 の値

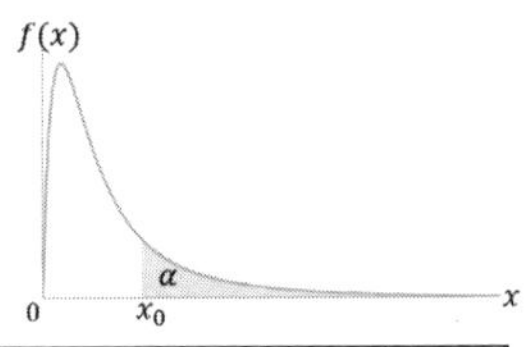

n_2 \ n_1	1	2	3	4	5	6	7	8	9	10	11	12
1	16211	20000	21615	22500	23056	23437	23715	23925	24091	24224	24334	24426
2	198.50	199.00	199.17	199.25	199.30	199.33	199.36	199.37	199.39	199.40	199.41	199.42
3	55.552	49.799	47.467	46.195	45.392	44.838	44.434	44.126	43.882	43.686	43.524	43.387
4	31.333	26.284	24.259	23.155	22.456	21.975	21.622	21.352	21.139	20.967	20.824	20.705
5	22.785	18.314	16.530	15.556	14.940	14.513	14.200	13.961	13.772	13.618	13.491	13.384
6	18.635	14.544	12.917	12.028	11.464	11.073	10.786	10.566	10.391	10.250	10.133	10.034
7	16.236	12.404	10.882	10.050	9.5221	9.1553	8.8854	8.6781	8.5138	8.3803	8.2697	8.1764
8	14.688	11.042	9.5965	8.8051	8.3018	7.9520	7.6941	7.4959	7.3386	7.2106	7.1045	7.0149
9	13.614	10.107	8.7171	7.9559	7.4712	7.1339	6.8849	6.6933	6.5411	6.4172	6.3142	6.2274
10	12.826	9.4270	8.0807	7.3428	6.8724	6.5446	6.3025	6.1159	5.9676	5.8467	5.7462	5.6613
11	12.226	8.9122	7.6004	6.8809	6.4217	6.1016	5.8648	5.6821	5.5368	5.4183	5.3197	5.2363
12	11.754	8.5096	7.2258	6.5211	6.0711	5.7570	5.5245	5.3451	5.2021	5.0855	4.9884	4.9062
13	11.374	8.1865	6.9258	6.2335	5.7910	5.4819	5.2529	5.0761	4.9351	4.8199	4.7240	4.6429
14	11.060	7.9216	6.6804	5.9984	5.5623	5.2574	5.0313	4.8566	4.7173	4.6034	4.5085	4.4281
15	10.798	7.7008	6.4760	5.8029	5.3721	5.0708	4.8473	4.6744	4.5364	4.4235	4.3295	4.2497
16	10.575	7.5138	6.3034	5.6378	5.2117	4.9134	4.6920	4.5207	4.3838	4.2719	4.1785	4.0994
17	10.384	7.3536	6.1556	5.4967	5.0746	4.7789	4.5594	4.3894	4.2535	4.1424	4.0496	3.9709
18	10.218	7.2148	6.0278	5.3746	4.9560	4.6627	4.4448	4.2759	4.1410	4.0305	3.9382	3.8599
19	10.073	7.0935	5.9161	5.2681	4.8526	4.5614	4.3448	4.1770	4.0428	3.9329	3.8410	3.7631
20	9.9439	6.9865	5.8177	5.1743	4.7616	4.4721	4.2569	4.0900	3.9564	3.8470	3.7555	3.6779
21	9.8295	6.8914	5.7304	5.0911	4.6809	4.3931	4.1789	4.0128	3.8799	3.7709	3.6798	3.6024
22	9.7271	6.8064	5.6524	5.0168	4.6088	4.3225	4.1094	3.9440	3.8116	3.7030	3.6122	3.5350
23	9.6348	6.7300	5.5823	4.9500	4.5441	4.2591	4.0469	3.8822	3.7502	3.6420	3.5515	3.4745
24	9.5513	6.6609	5.5190	4.8898	4.4857	4.2019	3.9905	3.8264	3.6949	3.5870	3.4967	3.4199
25	9.4753	6.5982	5.4615	4.8351	4.4327	4.1500	3.9394	3.7758	3.6447	3.5370	3.4470	3.3704
26	9.4059	6.5409	5.4091	4.7852	4.3844	4.1027	3.8928	3.7297	3.5989	3.4916	3.4017	3.3252
27	9.3423	6.4885	5.3611	4.7396	4.3402	4.0594	3.8501	3.6875	3.5571	3.4499	3.3602	3.2839
28	9.2838	6.4403	5.3170	4.6977	4.2996	4.0197	3.8110	3.6487	3.5186	3.4117	3.3222	3.2460
29	9.2297	6.3958	5.2764	4.6591	4.2622	3.9831	3.7749	3.6131	3.4832	3.3765	3.2871	3.2110
30	9.1797	6.3547	5.2388	4.6234	4.2276	3.9492	3.7416	3.5801	3.4505	3.3440	3.2547	3.1787
32	9.0899	6.2810	5.1715	4.5594	4.1657	3.8886	3.6819	3.5210	3.3919	3.2857	3.1967	3.1209
34	9.0117	6.2169	5.1130	4.5039	4.1119	3.8360	3.6301	3.4698	3.3410	3.2351	3.1463	3.0707
36	8.9430	6.1606	5.0616	4.4552	4.0648	3.7899	3.5847	3.4248	3.2965	3.1908	3.1022	3.0267
38	8.8821	6.1108	5.0163	4.4121	4.0231	3.7492	3.5445	3.3851	3.2570	3.1516	3.0632	2.9877
40	8.8279	6.0664	4.9758	4.3738	3.9860	3.7129	3.5088	3.3498	3.2220	3.1167	3.0284	2.9531
42	8.7791	6.0266	4.9396	4.3394	3.9528	3.6804	3.4768	3.3181	3.1906	3.0855	2.9973	2.9221
44	8.7352	5.9908	4.9070	4.3085	3.9229	3.6511	3.4480	3.2896	3.1623	3.0574	2.9693	2.8941
46	8.6953	5.9583	4.8774	4.2804	3.8958	3.6246	3.4219	3.2638	3.1367	3.0319	2.9439	2.8688
48	8.6590	5.9287	4.8505	4.2549	3.8711	3.6005	3.3981	3.2403	3.1133	3.0087	2.9208	2.8458
50	8.6258	5.9016	4.8259	4.2316	3.8486	3.5785	3.3765	3.2189	3.0920	2.9875	2.8997	2.8247
55	8.5539	5.8431	4.7727	4.1813	3.8000	3.5309	3.3296	3.1725	3.0461	2.9418	2.8541	2.7792
60	8.4946	5.7950	4.7290	4.1399	3.7599	3.4918	3.2911	3.1344	3.0083	2.9042	2.8166	2.7419
65	8.4449	5.7547	4.6924	4.1052	3.7265	3.4591	3.2589	3.1026	2.9766	2.8727	2.7853	2.7106
70	8.4027	5.7204	4.6613	4.0758	3.6980	3.4313	3.2315	3.0755	2.9498	2.8460	2.7587	2.6840
80	8.3346	5.6652	4.6113	4.0285	3.6524	3.3867	3.1876	3.0320	2.9066	2.8031	2.7159	2.6413
100	8.2406	5.5892	4.5424	3.9634	3.5895	3.3252	3.1271	2.9722	2.8472	2.7440	2.6570	2.5825
125	8.1665	5.5294	4.4882	3.9122	3.5400	3.2769	3.0796	2.9252	2.8006	2.6975	2.6107	2.5363
150	8.1177	5.4900	4.4525	3.8785	3.5075	3.2452	3.0483	2.8942	2.7698	2.6669	2.5802	2.5059
200	8.0572	5.4412	4.4084	3.8368	3.4674	3.2059	3.0097	2.8560	2.7319	2.6292	2.5425	2.4683
400	7.9676	5.3691	4.3433	3.7754	3.4081	3.1480	2.9527	2.7996	2.6759	2.5735	2.4870	2.4128
1000	7.9145	5.3265	4.3048	3.7390	3.3730	3.1138	2.9190	2.7663	2.6429	2.5405	2.4541	2.3800
10^10	7.8794	5.2983	4.2794	3.7151	3.3499	3.0913	2.8968	2.7444	2.6210	2.5188	2.4324	2.3583

14	15	16	20	24	30	40	50	75	100	200	500	10^{10}
24572	24630	24681	24836	24940	25044	25148	25211	25295	25337	25401	25439	25464
199.43	199.43	199.44	199.45	199.46	199.47	199.47	199.48	199.49	199.49	199.49	199.50	199.50
43.172	43.085	43.008	42.778	42.622	42.466	42.308	42.213	42.086	42.022	41.925	41.867	41.828
20.515	20.438	20.371	20.167	20.030	19.892	19.752	19.667	19.554	19.497	19.411	19.359	19.325
13.215	13.146	13.086	12.903	12.780	12.656	12.530	12.454	12.351	12.300	12.222	12.175	12.144
9.8774	9.8140	9.7582	9.5888	9.4742	9.3582	9.2408	9.1697	9.0739	9.0257	8.9528	8.9088	8.8793
8.0279	7.9678	7.9148	7.7540	7.6450	7.5345	7.4224	7.3544	7.2628	7.2165	7.1466	7.1044	7.0760
6.8721	6.8143	6.7633	6.6082	6.5029	6.3961	6.2875	6.2215	6.1325	6.0875	6.0194	5.9782	5.9506
6.0887	6.0325	5.9829	5.8318	5.7292	5.6248	5.5186	5.4539	5.3666	5.3223	5.2554	5.2148	5.1875
5.5257	5.4707	5.4221	5.2740	5.1732	5.0706	4.9659	4.9022	4.8159	4.7721	4.7058	4.6656	4.6385
5.1031	5.0489	5.0011	4.8552	4.7557	4.6543	4.5508	4.4876	4.4020	4.3585	4.2926	4.2525	4.2255
4.7748	4.7213	4.6741	4.5299	4.4314	4.3309	4.2282	4.1653	4.0801	4.0368	3.9709	3.9309	3.9039
4.5129	4.4600	4.4132	4.2703	4.1726	4.0727	3.9704	3.9078	3.8228	3.7795	3.7136	3.6735	3.6465
4.2993	4.2468	4.2005	4.0585	3.9614	3.8619	3.7600	3.6975	3.6125	3.5692	3.5032	3.4630	3.4359
4.1219	4.0698	4.0237	3.8826	3.7859	3.6867	3.5850	3.5225	3.4375	3.3941	3.3279	3.2875	3.2602
3.9723	3.9205	3.8747	3.7342	3.6378	3.5389	3.4372	3.3747	3.2895	3.2460	3.1796	3.1389	3.1115
3.8445	3.7929	3.7473	3.6073	3.5112	3.4124	3.3108	3.2482	3.1628	3.1192	3.0524	3.0115	2.9839
3.7341	3.6827	3.6373	3.4977	3.4017	3.3030	3.2014	3.1387	3.0531	3.0093	2.9421	2.9010	2.8732
3.6378	3.5866	3.5412	3.4020	3.3062	3.2075	3.1058	3.0430	2.9571	2.9131	2.8456	2.8042	2.7762
3.5530	3.5020	3.4568	3.3178	3.2220	3.1234	3.0215	2.9586	2.8724	2.8282	2.7603	2.7186	2.6904
3.4779	3.4270	3.3818	3.2431	3.1474	3.0488	2.9467	2.8837	2.7972	2.7527	2.6845	2.6425	2.6140
3.4108	3.3600	3.3150	3.1764	3.0807	2.9821	2.8799	2.8167	2.7298	2.6852	2.6165	2.5742	2.5455
3.3506	3.2999	3.2549	3.1165	3.0208	2.9221	2.8197	2.7564	2.6692	2.6243	2.5552	2.5126	2.4837
3.2962	3.2456	3.2007	3.0624	2.9667	2.8679	2.7654	2.7018	2.6143	2.5692	2.4997	2.4568	2.4276
3.2469	3.1963	3.1515	3.0133	2.9176	2.8187	2.7160	2.6522	2.5644	2.5191	2.4492	2.4059	2.3765
3.2020	3.1515	3.1067	2.9685	2.8728	2.7738	2.6709	2.6070	2.5188	2.4733	2.4029	2.3594	2.3297
3.1608	3.1104	3.0656	2.9275	2.8318	2.7327	2.6296	2.5655	2.4770	2.4312	2.3604	2.3166	2.2867
3.1231	3.0727	3.0279	2.8899	2.7941	2.6949	2.5916	2.5273	2.4384	2.3925	2.3213	2.2771	2.2470
3.0882	3.0379	2.9932	2.8551	2.7594	2.6600	2.5565	2.4921	2.4028	2.3566	2.2850	2.2405	2.2102
3.0560	3.0057	2.9611	2.8230	2.7272	2.6278	2.5241	2.4594	2.3699	2.3234	2.2514	2.2066	2.1760
2.9984	2.9482	2.9036	2.7656	2.6696	2.5700	2.4658	2.4008	2.3106	2.2638	2.1909	2.1455	2.1144
2.9484	2.8982	2.8536	2.7156	2.6196	2.5197	2.4151	2.3498	2.2589	2.2117	2.1380	2.0920	2.0604
2.9045	2.8543	2.8098	2.6717	2.5756	2.4755	2.3706	2.3049	2.2134	2.1657	2.0913	2.0447	2.0127
2.8657	2.8156	2.7710	2.6330	2.5367	2.4364	2.3311	2.2651	2.1730	2.1249	2.0497	2.0025	1.9700
2.8312	2.7811	2.7365	2.5984	2.5020	2.4015	2.2958	2.2295	2.1369	2.0884	2.0125	1.9647	1.9318
2.8003	2.7502	2.7056	2.5675	2.4710	2.3702	2.2642	2.1976	2.1044	2.0555	1.9789	1.9305	1.8972
2.7724	2.7223	2.6778	2.5395	2.4429	2.3420	2.2356	2.1687	2.0750	2.0258	1.9484	1.8995	1.8657
2.7471	2.6971	2.6525	2.5142	2.4175	2.3164	2.2097	2.1425	2.0482	1.9987	1.9206	1.8712	1.8370
2.7242	2.6741	2.6295	2.4912	2.3944	2.2930	2.1861	2.1186	2.0238	1.9740	1.8952	1.8453	1.8106
2.7032	2.6531	2.6086	2.4702	2.3732	2.2717	2.1644	2.0967	2.0015	1.9512	1.8719	1.8214	1.7863
2.6578	2.6078	2.5632	2.4247	2.3275	2.2255	2.1176	2.0492	1.9528	1.9019	1.8210	1.7692	1.7331
2.6205	2.5705	2.5259	2.3872	2.2898	2.1874	2.0789	2.0100	1.9126	1.8609	1.7785	1.7256	1.6885
2.5893	2.5392	2.4947	2.3558	2.2582	2.1555	2.0464	1.9770	1.8786	1.8262	1.7425	1.6885	1.6505
2.5627	2.5127	2.4681	2.3291	2.2313	2.1283	2.0186	1.9488	1.8496	1.7966	1.7116	1.6565	1.6176
2.5201	2.4700	2.4254	2.2862	2.1881	2.0845	1.9739	1.9033	1.8025	1.7484	1.6611	1.6041	1.5634
2.4614	2.4113	2.3666	2.2270	2.1283	2.0239	1.9119	1.8400	1.7367	1.6809	1.5897	1.5291	1.4853
2.4152	2.3651	2.3203	2.1804	2.0812	1.9760	1.8628	1.7897	1.6841	1.6266	1.5316	1.4673	1.4200
2.3847	2.3346	2.2898	2.1496	2.0501	1.9444	1.8302	1.7563	1.6490	1.5901	1.4921	1.4248	1.3744
2.3472	2.2970	2.2521	2.1116	2.0116	1.9051	1.7897	1.7147	1.6049	1.5442	1.4416	1.3694	1.3137
2.2916	2.2414	2.1964	2.0553	1.9546	1.8468	1.7293	1.6523	1.5382	1.4741	1.3624	1.2792	1.2088
2.2588	2.2085	2.1635	2.0219	1.9207	1.8121	1.6932	1.6148	1.4978	1.4310	1.3119	1.2176	1.1254
2.2371	2.1868	2.1417	1.9998	1.8983	1.7891	1.6691	1.5898	1.4705	1.4017	1.2763	1.1704	1.0001

付表6　F 分布表($\alpha = 0.025$)

自由度が (n_1, n_2) のときの $P(F \geq x_0) = 0.025$
となる x_0 の値

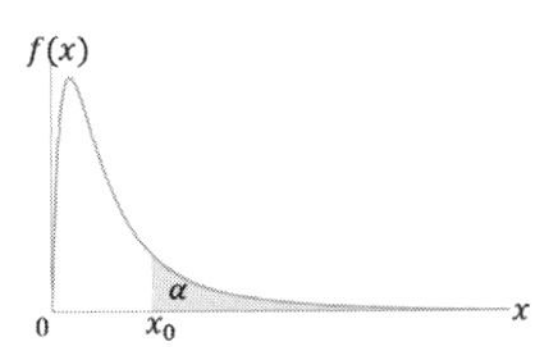

n_2 \ n_1	1	2	3	4	5	6	7	8	9	10	11	12
1	647.79	799.50	864.16	899.58	921.85	937.11	948.22	956.66	963.28	968.63	973.03	976.71
2	38.506	39.000	39.165	39.248	39.298	39.331	39.355	39.373	39.387	39.398	39.407	39.415
3	17.443	16.044	15.439	15.101	14.885	14.735	14.624	14.540	14.473	14.419	14.374	14.337
4	12.218	10.649	9.9792	9.6045	9.3645	9.1973	9.0741	8.9796	8.9047	8.8439	8.7935	8.7512
5	10.007	8.4336	7.7636	7.3879	7.1464	6.9777	6.8531	6.7572	6.6811	6.6192	6.5678	6.5245
6	8.8131	7.2599	6.5988	6.2272	5.9876	5.8198	5.6955	5.5996	5.5234	5.4613	5.4098	5.3662
7	8.0727	6.5415	5.8898	5.5226	5.2852	5.1186	4.9949	4.8993	4.8232	4.7611	4.7095	4.6658
8	7.5709	6.0595	5.4160	5.0526	4.8173	4.6517	4.5286	4.4333	4.3572	4.2951	4.2434	4.1997
9	7.2093	5.7147	5.0781	4.7181	4.4844	4.3197	4.1970	4.1020	4.0260	3.9639	3.9121	3.8682
10	6.9367	5.4564	4.8256	4.4683	4.2361	4.0721	3.9498	3.8549	3.7790	3.7168	3.6649	3.6209
11	6.7241	5.2559	4.6300	4.2751	4.0440	3.8807	3.7586	3.6638	3.5879	3.5257	3.4737	3.4296
12	6.5538	5.0959	4.4742	4.1212	3.8911	3.7283	3.6065	3.5118	3.4358	3.3736	3.3215	3.2773
13	6.4143	4.9653	4.3472	3.9959	3.7667	3.6043	3.4827	3.3880	3.3120	3.2497	3.1975	3.1532
14	6.2979	4.8567	4.2417	3.8919	3.6634	3.5014	3.3799	3.2853	3.2093	3.1469	3.0946	3.0502
15	6.1995	4.7650	4.1528	3.8043	3.5764	3.4147	3.2934	3.1987	3.1227	3.0602	3.0078	2.9633
16	6.1151	4.6867	4.0768	3.7294	3.5021	3.3406	3.2194	3.1248	3.0488	2.9862	2.9337	2.8890
17	6.0420	4.6189	4.0112	3.6648	3.4379	3.2767	3.1556	3.0610	2.9849	2.9222	2.8696	2.8249
18	5.9781	4.5597	3.9539	3.6083	3.3820	3.2209	3.0999	3.0053	2.9291	2.8664	2.8137	2.7689
19	5.9216	4.5075	3.9034	3.5587	3.3327	3.1718	3.0509	2.9563	2.8801	2.8172	2.7645	2.7196
20	5.8715	4.4613	3.8587	3.5147	3.2891	3.1283	3.0074	2.9128	2.8365	2.7737	2.7209	2.6758
21	5.8266	4.4199	3.8188	3.4754	3.2501	3.0895	2.9686	2.8740	2.7977	2.7348	2.6819	2.6368
22	5.7863	4.3828	3.7829	3.4401	3.2151	3.0546	2.9338	2.8392	2.7628	2.6998	2.6469	2.6017
23	5.7498	4.3492	3.7505	3.4083	3.1835	3.0232	2.9023	2.8077	2.7313	2.6682	2.6152	2.5699
24	5.7166	4.3187	3.7211	3.3794	3.1548	2.9946	2.8738	2.7791	2.7027	2.6396	2.5865	2.5411
25	5.6864	4.2909	3.6943	3.3530	3.1287	2.9685	2.8478	2.7531	2.6766	2.6135	2.5603	2.5149
26	5.6586	4.2655	3.6697	3.3289	3.1048	2.9447	2.8240	2.7293	2.6528	2.5896	2.5363	2.4908
27	5.6331	4.2421	3.6472	3.3067	3.0828	2.9228	2.8021	2.7074	2.6309	2.5676	2.5143	2.4688
28	5.6096	4.2205	3.6264	3.2863	3.0626	2.9027	2.7820	2.6872	2.6106	2.5473	2.4940	2.4484
29	5.5878	4.2006	3.6072	3.2674	3.0438	2.8840	2.7633	2.6686	2.5919	2.5286	2.4752	2.4295
30	5.5675	4.1821	3.5894	3.2499	3.0265	2.8667	2.7460	2.6513	2.5746	2.5112	2.4577	2.4120
32	5.5311	4.1488	3.5573	3.2185	2.9953	2.8356	2.7150	2.6202	2.5434	2.4799	2.4264	2.3806
34	5.4993	4.1197	3.5293	3.1910	2.9680	2.8085	2.6878	2.5930	2.5162	2.4526	2.3990	2.3531
36	5.4712	4.0941	3.5047	3.1668	2.9440	2.7846	2.6639	2.5691	2.4922	2.4286	2.3749	2.3289
38	5.4463	4.0713	3.4828	3.1453	2.9227	2.7633	2.6427	2.5478	2.4710	2.4072	2.3535	2.3074
40	5.4239	4.0510	3.4633	3.1261	2.9037	2.7444	2.6238	2.5289	2.4519	2.3882	2.3343	2.2882
42	5.4039	4.0327	3.4457	3.1089	2.8866	2.7273	2.6068	2.5118	2.4348	2.3710	2.3171	2.2709
44	5.3857	4.0162	3.4298	3.0933	2.8712	2.7120	2.5914	2.4964	2.4194	2.3555	2.3015	2.2552
46	5.3692	4.0012	3.4154	3.0791	2.8572	2.6980	2.5774	2.4824	2.4054	2.3414	2.2874	2.2410
48	5.3541	3.9875	3.4022	3.0662	2.8444	2.6852	2.5646	2.4696	2.3925	2.3286	2.2745	2.2281
50	5.3403	3.9749	3.3902	3.0544	2.8327	2.6736	2.5530	2.4579	2.3808	2.3168	2.2627	2.2162
55	5.3104	3.9477	3.3641	3.0288	2.8073	2.6483	2.5277	2.4326	2.3554	2.2913	2.2370	2.1905
60	5.2856	3.9253	3.3425	3.0077	2.7863	2.6274	2.5068	2.4117	2.3344	2.2702	2.2159	2.1692
65	5.2648	3.9064	3.3244	2.9899	2.7687	2.6098	2.4892	2.3941	2.3168	2.2525	2.1981	2.1513
70	5.2470	3.8903	3.3090	2.9748	2.7537	2.5949	2.4743	2.3791	2.3017	2.2374	2.1829	2.1361
80	5.2184	3.8643	3.2841	2.9504	2.7295	2.5708	2.4502	2.3549	2.2775	2.2130	2.1584	2.1115
100	5.1786	3.8284	3.2496	2.9166	2.6961	2.5374	2.4168	2.3215	2.2439	2.1793	2.1245	2.0773
125	5.1471	3.7999	3.2224	2.8899	2.6696	2.5110	2.3904	2.2950	2.2173	2.1526	2.0976	2.0503
150	5.1263	3.7811	3.2044	2.8722	2.6521	2.4936	2.3730	2.2775	2.1998	2.1349	2.0799	2.0325
200	5.1004	3.7578	3.1820	2.8503	2.6304	2.4720	2.3513	2.2558	2.1780	2.1130	2.0578	2.0103
400	5.0619	3.7231	3.1489	2.8179	2.5983	2.4399	2.3192	2.2236	2.1456	2.0805	2.0251	1.9773
1000	5.0391	3.7025	3.1292	2.7986	2.5792	2.4208	2.3002	2.2045	2.1264	2.0611	2.0056	1.9577
10^10	5.0239	3.6889	3.1161	2.7858	2.5665	2.4082	2.2875	2.1918	2.1136	2.0483	1.9927	1.9447

14	15	16	20	24	30	40	50	75	100	200	500	10^10
982.53	984.87	986.92	993.10	997.25	1001.4	1005.6	1008.1	1011.5	1013.2	1015.7	1017.2	1018.3
39.427	39.431	39.435	39.448	39.456	39.465	39.473	39.478	39.485	39.488	39.493	39.496	39.498
14.277	14.253	14.232	14.167	14.124	14.081	14.037	14.010	13.974	13.956	13.929	13.913	13.902
8.6838	8.6565	8.6326	8.5599	8.5109	8.4613	8.4111	8.3808	8.3400	8.3195	8.2885	8.2698	8.2573
6.4556	6.4277	6.4032	6.3286	6.2780	6.2269	6.1750	6.1436	6.1013	6.0800	6.0478	6.0283	6.0153
5.2968	5.2687	5.2439	5.1684	5.1172	5.0652	5.0125	4.9804	4.9372	4.9154	4.8824	4.8625	4.8491
4.5961	4.5678	4.5428	4.4667	4.4150	4.3624	4.3089	4.2763	4.2323	4.2101	4.1764	4.1560	4.1423
4.1297	4.1012	4.0761	3.9995	3.9472	3.8940	3.8398	3.8067	3.7620	3.7393	3.7050	3.6842	3.6702
3.7980	3.7694	3.7441	3.6669	3.6142	3.5604	3.5055	3.4719	3.4265	3.4034	3.3684	3.3471	3.3329
3.5504	3.5217	3.4963	3.4185	3.3654	3.3110	3.2554	3.2214	3.1752	3.1517	3.1161	3.0944	3.0798
3.3588	3.3299	3.3044	3.2261	3.1725	3.1176	3.0613	3.0268	2.9800	2.9561	2.9198	2.8977	2.8828
3.2062	3.1772	3.1515	3.0728	3.0187	2.9633	2.9063	2.8714	2.8238	2.7996	2.7626	2.7401	2.7249
3.0819	3.0527	3.0269	2.9477	2.8932	2.8372	2.7797	2.7443	2.6961	2.6715	2.6339	2.6109	2.5955
2.9786	2.9493	2.9234	2.8437	2.7888	2.7324	2.6742	2.6384	2.5895	2.5646	2.5264	2.5030	2.4872
2.8915	2.8621	2.8360	2.7559	2.7006	2.6437	2.5850	2.5488	2.4993	2.4739	2.4352	2.4114	2.3953
2.8170	2.7875	2.7614	2.6808	2.6252	2.5678	2.5085	2.4719	2.4218	2.3961	2.3567	2.3326	2.3163
2.7526	2.7230	2.6968	2.6158	2.5598	2.5020	2.4422	2.4053	2.3545	2.3285	2.2886	2.2640	2.2474
2.6964	2.6667	2.6404	2.5590	2.5027	2.4445	2.3842	2.3468	2.2956	2.2692	2.2287	2.2038	2.1869
2.6469	2.6171	2.5907	2.5089	2.4523	2.3937	2.3329	2.2952	2.2434	2.2167	2.1757	2.1504	2.1333
2.6030	2.5731	2.5465	2.4645	2.4076	2.3486	2.2873	2.2493	2.1969	2.1699	2.1284	2.1027	2.0853
2.5638	2.5338	2.5071	2.4247	2.3675	2.3082	2.2465	2.2081	2.1552	2.1280	2.0859	2.0599	2.0422
2.5285	2.4984	2.4717	2.3890	2.3315	2.2718	2.2097	2.1710	2.1176	2.0901	2.0475	2.0211	2.0032
2.4966	2.4665	2.4396	2.3567	2.2989	2.2389	2.1763	2.1374	2.0835	2.0557	2.0126	1.9859	1.9677
2.4677	2.4374	2.4105	2.3273	2.2693	2.2090	2.1460	2.1067	2.0524	2.0243	1.9807	1.9537	1.9353
2.4413	2.4110	2.3840	2.3005	2.2422	2.1816	2.1183	2.0787	2.0239	1.9955	1.9515	1.9242	1.9055
2.4171	2.3867	2.3597	2.2759	2.2174	2.1565	2.0928	2.0530	1.9978	1.9691	1.9246	1.8970	1.8781
2.3949	2.3644	2.3373	2.2533	2.1946	2.1334	2.0693	2.0293	1.9736	1.9447	1.8998	1.8718	1.8527
2.3743	2.3438	2.3167	2.2324	2.1735	2.1121	2.0477	2.0073	1.9513	1.9221	1.8767	1.8485	1.8291
2.3554	2.3248	2.2976	2.2131	2.1540	2.0923	2.0276	1.9870	1.9305	1.9011	1.8553	1.8268	1.8072
2.3378	2.3072	2.2799	2.1952	2.1359	2.0739	2.0089	1.9681	1.9112	1.8816	1.8354	1.8065	1.7867
2.3061	2.2754	2.2480	2.1629	2.1032	2.0408	1.9752	1.9339	1.8763	1.8462	1.7992	1.7697	1.7495
2.2784	2.2476	2.2201	2.1346	2.0747	2.0118	1.9456	1.9039	1.8456	1.8151	1.7673	1.7373	1.7166
2.2540	2.2231	2.1956	2.1097	2.0494	1.9862	1.9194	1.8773	1.8184	1.7874	1.7389	1.7084	1.6873
2.2324	2.2014	2.1737	2.0875	2.0270	1.9634	1.8961	1.8536	1.7940	1.7627	1.7135	1.6824	1.6609
2.2130	2.1819	2.1542	2.0677	2.0069	1.9429	1.8752	1.8324	1.7722	1.7405	1.6906	1.6590	1.6371
2.1956	2.1644	2.1366	2.0499	1.9888	1.9245	1.8563	1.8132	1.7524	1.7204	1.6698	1.6377	1.6155
2.1798	2.1486	2.1207	2.0337	1.9724	1.9078	1.8392	1.7958	1.7345	1.7021	1.6509	1.6183	1.5957
2.1655	2.1342	2.1063	2.0190	1.9575	1.8926	1.8236	1.7799	1.7180	1.6853	1.6335	1.6005	1.5775
2.1524	2.1210	2.0931	2.0056	1.9438	1.8787	1.8094	1.7653	1.7030	1.6700	1.6176	1.5841	1.5607
2.1404	2.1090	2.0810	1.9933	1.9313	1.8659	1.7963	1.7520	1.6892	1.6558	1.6029	1.5689	1.5452
2.1144	2.0829	2.0547	1.9666	1.9042	1.8382	1.7678	1.7228	1.6589	1.6249	1.5706	1.5356	1.5111
2.0929	2.0613	2.0330	1.9445	1.8817	1.8152	1.7440	1.6985	1.6337	1.5990	1.5435	1.5075	1.4821
2.0749	2.0431	2.0148	1.9259	1.8627	1.7958	1.7240	1.6780	1.6123	1.5770	1.5203	1.4834	1.4573
2.0595	2.0277	1.9992	1.9100	1.8466	1.7792	1.7069	1.6604	1.5939	1.5581	1.5003	1.4625	1.4357
2.0346	2.0026	1.9741	1.8843	1.8204	1.7523	1.6790	1.6318	1.5639	1.5271	1.4674	1.4280	1.3997
2.0001	1.9679	1.9391	1.8486	1.7839	1.7148	1.6401	1.5917	1.5215	1.4833	1.4203	1.3781	1.3473
1.9727	1.9404	1.9115	1.8202	1.7549	1.6850	1.6090	1.5595	1.4873	1.4476	1.3814	1.3363	1.3028
1.9546	1.9222	1.8931	1.8014	1.7356	1.6651	1.5882	1.5379	1.4642	1.4234	1.3548	1.3073	1.2714
1.9322	1.8996	1.8704	1.7780	1.7117	1.6403	1.5621	1.5108	1.4350	1.3927	1.3204	1.2691	1.2290
1.8987	1.8659	1.8364	1.7431	1.6758	1.6031	1.5230	1.4699	1.3905	1.3453	1.2658	1.2058	1.1545
1.8788	1.8459	1.8162	1.7223	1.6544	1.5808	1.4993	1.4451	1.3631	1.3158	1.2304	1.1618	1.0938
1.8656	1.8326	1.8028	1.7085	1.6402	1.5660	1.4835	1.4284	1.3445	1.2956	1.2053	1.1277	1.0000

付表7　F 分布表($\alpha = 0.975$)

自由度が (n_1, n_2) のときの $P(F \geq x_0) = 0.975$ となる x_0 の値

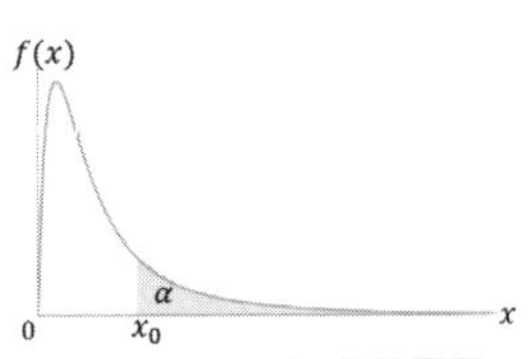

n_2 \ n_1	1	2	3	4	5	6	7	8	9	10	11	12
1	0.0015	0.0260	0.0573	0.0818	0.0999	0.1135	0.1239	0.1321	0.1387	0.1442	0.1487	0.1526
2	0.0013	0.0256	0.0623	0.0939	0.1186	0.1377	0.1529	0.1650	0.1750	0.1833	0.1903	0.1962
3	0.0012	0.0255	0.0648	0.1002	0.1288	0.1515	0.1698	0.1846	0.1969	0.2072	0.2160	0.2235
4	0.0011	0.0255	0.0662	0.1041	0.1354	0.1606	0.1811	0.1979	0.2120	0.2238	0.2339	0.2426
5	0.0011	0.0254	0.0672	0.1068	0.1399	0.1670	0.1892	0.2076	0.2230	0.2361	0.2473	0.2570
6	0.0011	0.0254	0.0679	0.1087	0.1433	0.1718	0.1954	0.2150	0.2315	0.2456	0.2577	0.2682
7	0.0011	0.0254	0.0684	0.1102	0.1459	0.1756	0.2002	0.2208	0.2383	0.2532	0.2661	0.2773
8	0.0010	0.0254	0.0688	0.1114	0.1480	0.1786	0.2041	0.2256	0.2438	0.2594	0.2729	0.2848
9	0.0010	0.0254	0.0691	0.1123	0.1497	0.1810	0.2073	0.2295	0.2484	0.2646	0.2787	0.2910
10	0.0010	0.0254	0.0694	0.1131	0.1511	0.1831	0.2100	0.2328	0.2523	0.2690	0.2836	0.2964
11	0.0010	0.0254	0.0696	0.1137	0.1523	0.1849	0.2123	0.2357	0.2556	0.2729	0.2879	0.3011
12	0.0010	0.0254	0.0698	0.1143	0.1533	0.1864	0.2143	0.2381	0.2585	0.2762	0.2916	0.3051
13	0.0010	0.0254	0.0699	0.1147	0.1541	0.1877	0.2161	0.2403	0.2611	0.2791	0.2948	0.3087
14	0.0010	0.0254	0.0700	0.1152	0.1549	0.1888	0.2176	0.2422	0.2633	0.2817	0.2977	0.3119
15	0.0010	0.0254	0.0702	0.1155	0.1556	0.1898	0.2189	0.2438	0.2653	0.2840	0.3003	0.3147
16	0.0010	0.0254	0.0703	0.1158	0.1562	0.1907	0.2201	0.2453	0.2671	0.2860	0.3026	0.3173
17	0.0010	0.0254	0.0704	0.1161	0.1567	0.1915	0.2212	0.2467	0.2687	0.2879	0.3047	0.3196
18	0.0010	0.0254	0.0704	0.1164	0.1572	0.1922	0.2222	0.2479	0.2702	0.2896	0.3066	0.3217
19	0.0010	0.0254	0.0705	0.1166	0.1576	0.1929	0.2231	0.2490	0.2715	0.2911	0.3084	0.3237
20	0.0010	0.0253	0.0706	0.1168	0.1580	0.1935	0.2239	0.2500	0.2727	0.2925	0.3100	0.3254
21	0.0010	0.0253	0.0706	0.1170	0.1584	0.1940	0.2246	0.2510	0.2738	0.2938	0.3114	0.3271
22	0.0010	0.0253	0.0707	0.1172	0.1587	0.1945	0.2253	0.2518	0.2749	0.2950	0.3128	0.3286
23	0.0010	0.0253	0.0708	0.1173	0.1590	0.1950	0.2259	0.2526	0.2758	0.2961	0.3140	0.3300
24	0.0010	0.0253	0.0708	0.1175	0.1593	0.1954	0.2265	0.2533	0.2767	0.2971	0.3152	0.3313
25	0.0010	0.0253	0.0708	0.1176	0.1595	0.1958	0.2270	0.2540	0.2775	0.2981	0.3163	0.3325
26	0.0010	0.0253	0.0709	0.1178	0.1598	0.1962	0.2275	0.2547	0.2783	0.2990	0.3173	0.3336
27	0.0010	0.0253	0.0709	0.1179	0.1600	0.1965	0.2280	0.2552	0.2790	0.2998	0.3183	0.3347
28	0.0010	0.0253	0.0710	0.1180	0.1602	0.1968	0.2284	0.2558	0.2797	0.3006	0.3191	0.3357
29	0.0010	0.0253	0.0710	0.1181	0.1604	0.1971	0.2288	0.2563	0.2803	0.3013	0.3200	0.3366
30	0.0010	0.0253	0.0710	0.1182	0.1606	0.1974	0.2292	0.2568	0.2809	0.3020	0.3208	0.3375
32	0.0010	0.0253	0.0711	0.1184	0.1609	0.1979	0.2299	0.2577	0.2819	0.3033	0.3222	0.3391
34	0.0010	0.0253	0.0711	0.1185	0.1612	0.1984	0.2306	0.2585	0.2829	0.3044	0.3235	0.3405
36	0.0010	0.0253	0.0712	0.1187	0.1615	0.1988	0.2311	0.2592	0.2838	0.3054	0.3246	0.3418
38	0.0010	0.0253	0.0712	0.1188	0.1617	0.1992	0.2316	0.2598	0.2846	0.3063	0.3257	0.3430
40	0.0010	0.0253	0.0712	0.1189	0.1619	0.1995	0.2321	0.2604	0.2853	0.3072	0.3267	0.3441
42	0.0010	0.0253	0.0713	0.1190	0.1621	0.1998	0.2325	0.2610	0.2859	0.3079	0.3275	0.3451
44	0.0010	0.0253	0.0713	0.1191	0.1623	0.2001	0.2329	0.2615	0.2865	0.3086	0.3283	0.3460
46	0.0010	0.0253	0.0713	0.1192	0.1625	0.2003	0.2332	0.2619	0.2871	0.3093	0.3291	0.3468
48	0.0010	0.0253	0.0714	0.1192	0.1626	0.2006	0.2335	0.2623	0.2876	0.3099	0.3297	0.3476
50	0.0010	0.0253	0.0714	0.1193	0.1628	0.2008	0.2338	0.2627	0.2880	0.3104	0.3304	0.3483
55	0.0010	0.0253	0.0714	0.1195	0.1631	0.2013	0.2345	0.2635	0.2890	0.3116	0.3318	0.3498
60	0.0010	0.0253	0.0715	0.1196	0.1633	0.2017	0.2351	0.2642	0.2899	0.3127	0.3329	0.3512
65	0.0010	0.0253	0.0715	0.1197	0.1635	0.2020	0.2355	0.2648	0.2907	0.3135	0.3339	0.3523
70	0.0010	0.0253	0.0715	0.1198	0.1637	0.2023	0.2359	0.2654	0.2913	0.3143	0.3348	0.3533
80	0.0010	0.0253	0.0716	0.1200	0.1640	0.2028	0.2366	0.2662	0.2923	0.3155	0.3362	0.3549
100	0.0010	0.0253	0.0717	0.1202	0.1645	0.2034	0.2375	0.2674	0.2938	0.3173	0.3383	0.3572
125	0.0010	0.0253	0.0717	0.1204	0.1648	0.2040	0.2383	0.2684	0.2950	0.3187	0.3399	0.3591
150	0.0010	0.0253	0.0717	0.1205	0.1651	0.2044	0.2388	0.2691	0.2958	0.3197	0.3411	0.3604
200	0.0010	0.0253	0.0718	0.1206	0.1653	0.2048	0.2394	0.2699	0.2969	0.3209	0.3425	0.3620
400	0.0010	0.0253	0.0719	0.1209	0.1658	0.2055	0.2404	0.2712	0.2984	0.3228	0.3447	0.3644
1000	0.0010	0.0253	0.0719	0.1210	0.1661	0.2059	0.2410	0.2719	0.2994	0.3239	0.3460	0.3660
10^10	0.0010	0.0253	0.0719	0.1211	0.1662	0.2062	0.2414	0.2725	0.3000	0.3247	0.3469	0.3670

14	15	16	20	24	30	40	50	75	100	200	500	10^10
0.1588	0.1613	0.1635	0.1703	0.1749	0.1796	0.1844	0.1873	0.1911	0.1931	0.1961	0.1979	0.1990
0.2059	0.2099	0.2134	0.2242	0.2315	0.2391	0.2469	0.2516	0.2580	0.2612	0.2661	0.2691	0.2711
0.2358	0.2408	0.2453	0.2592	0.2687	0.2786	0.2887	0.2950	0.3034	0.3077	0.3143	0.3182	0.3209
0.2569	0.2629	0.2681	0.2845	0.2959	0.3077	0.3199	0.3274	0.3376	0.3429	0.3508	0.3557	0.3590
0.2730	0.2796	0.2855	0.3040	0.3170	0.3304	0.3444	0.3530	0.3649	0.3709	0.3802	0.3858	0.3896
0.2856	0.2929	0.2993	0.3197	0.3339	0.3488	0.3644	0.3740	0.3873	0.3941	0.4045	0.4109	0.4152
0.2959	0.3036	0.3106	0.3325	0.3480	0.3642	0.3811	0.3917	0.4063	0.4138	0.4253	0.4324	0.4372
0.3044	0.3126	0.3200	0.3433	0.3598	0.3772	0.3954	0.4068	0.4226	0.4308	0.4433	0.4510	0.4562
0.3116	0.3202	0.3280	0.3525	0.3700	0.3884	0.4078	0.4200	0.4369	0.4457	0.4591	0.4675	0.4731
0.3178	0.3268	0.3349	0.3605	0.3788	0.3982	0.4187	0.4316	0.4496	0.4589	0.4733	0.4822	0.4882
0.3231	0.3325	0.3409	0.3675	0.3866	0.4069	0.4284	0.4420	0.4609	0.4707	0.4859	0.4954	0.5018
0.3279	0.3375	0.3461	0.3737	0.3935	0.4146	0.4370	0.4512	0.4711	0.4814	0.4974	0.5074	0.5142
0.3320	0.3419	0.3508	0.3792	0.3997	0.4215	0.4448	0.4596	0.4803	0.4911	0.5079	0.5184	0.5256
0.3357	0.3458	0.3550	0.3842	0.4052	0.4278	0.4519	0.4672	0.4887	0.5000	0.5176	0.5285	0.5360
0.3391	0.3494	0.3587	0.3886	0.4103	0.4334	0.4583	0.4742	0.4965	0.5081	0.5264	0.5379	0.5457
0.3421	0.3526	0.3621	0.3927	0.4148	0.4386	0.4642	0.4805	0.5036	0.5157	0.5347	0.5465	0.5547
0.3448	0.3555	0.3652	0.3964	0.4190	0.4434	0.4696	0.4864	0.5102	0.5227	0.5423	0.5546	0.5631
0.3473	0.3582	0.3681	0.3998	0.4229	0.4477	0.4747	0.4919	0.5163	0.5292	0.5495	0.5622	0.5710
0.3496	0.3606	0.3706	0.4029	0.4264	0.4518	0.4793	0.4970	0.5220	0.5353	0.5561	0.5693	0.5783
0.3517	0.3629	0.3730	0.4058	0.4297	0.4555	0.4836	0.5017	0.5274	0.5410	0.5624	0.5760	0.5853
0.3536	0.3649	0.3752	0.4084	0.4327	0.4590	0.4877	0.5061	0.5324	0.5463	0.5683	0.5823	0.5919
0.3554	0.3668	0.3773	0.4109	0.4356	0.4623	0.4914	0.5102	0.5371	0.5513	0.5739	0.5882	0.5981
0.3570	0.3686	0.3792	0.4132	0.4382	0.4653	0.4950	0.5141	0.5415	0.5561	0.5792	0.5939	0.6041
0.3586	0.3703	0.3809	0.4154	0.4407	0.4682	0.4983	0.5178	0.5457	0.5606	0.5842	0.5993	0.6097
0.3600	0.3718	0.3826	0.4174	0.4430	0.4709	0.5014	0.5212	0.5496	0.5648	0.5890	0.6044	0.6151
0.3614	0.3733	0.3841	0.4193	0.4452	0.4734	0.5044	0.5245	0.5534	0.5689	0.5935	0.6093	0.6202
0.3626	0.3746	0.3856	0.4210	0.4472	0.4758	0.5072	0.5276	0.5569	0.5727	0.5978	0.6139	0.6251
0.3638	0.3759	0.3869	0.4227	0.4491	0.4780	0.5098	0.5305	0.5603	0.5763	0.6019	0.6183	0.6298
0.3649	0.3771	0.3882	0.4243	0.4510	0.4802	0.5123	0.5333	0.5635	0.5798	0.6059	0.6226	0.6343
0.3660	0.3783	0.3894	0.4258	0.4527	0.4822	0.5147	0.5359	0.5666	0.5831	0.6097	0.6267	0.6386
0.3679	0.3803	0.3917	0.4285	0.4559	0.4859	0.5191	0.5408	0.5723	0.5894	0.6167	0.6344	0.6467
0.3697	0.3822	0.3937	0.4310	0.4588	0.4893	0.5231	0.5453	0.5776	0.5951	0.6233	0.6415	0.6543
0.3712	0.3839	0.3955	0.4333	0.4614	0.4924	0.5268	0.5494	0.5824	0.6003	0.6293	0.6481	0.6613
0.3726	0.3854	0.3971	0.4353	0.4638	0.4952	0.5302	0.5532	0.5869	0.6052	0.6349	0.6543	0.6679
0.3739	0.3868	0.3986	0.4372	0.4660	0.4978	0.5333	0.5567	0.5910	0.6097	0.6401	0.6600	0.6741
0.3751	0.3881	0.4000	0.4389	0.4680	0.5002	0.5361	0.5599	0.5948	0.6139	0.6450	0.6654	0.6799
0.3762	0.3893	0.4013	0.4405	0.4699	0.5024	0.5388	0.5629	0.5984	0.6179	0.6496	0.6705	0.6853
0.3772	0.3904	0.4025	0.4420	0.4716	0.5044	0.5413	0.5657	0.6018	0.6215	0.6540	0.6753	0.6905
0.3782	0.3914	0.4035	0.4433	0.4732	0.5063	0.5436	0.5683	0.6049	0.6250	0.6580	0.6799	0.6954
0.3790	0.3923	0.4045	0.4446	0.4747	0.5081	0.5457	0.5708	0.6078	0.6283	0.6619	0.6842	0.7001
0.3809	0.3944	0.4068	0.4474	0.4780	0.5121	0.5506	0.5763	0.6145	0.6356	0.6706	0.6940	0.7108
0.3825	0.3962	0.4087	0.4498	0.4808	0.5155	0.5547	0.5810	0.6202	0.6420	0.6783	0.7027	0.7203
0.3839	0.3977	0.4103	0.4518	0.4832	0.5184	0.5583	0.5851	0.6253	0.6477	0.6852	0.7105	0.7289
0.3851	0.3990	0.4117	0.4536	0.4854	0.5210	0.5615	0.5888	0.6298	0.6527	0.6913	0.7175	0.7367
0.3871	0.4011	0.4140	0.4566	0.4889	0.5252	0.5668	0.5949	0.6373	0.6613	0.7019	0.7297	0.7503
0.3899	0.4042	0.4173	0.4608	0.4940	0.5315	0.5745	0.6039	0.6487	0.6742	0.7180	0.7488	0.7718
0.3923	0.4067	0.4201	0.4644	0.4982	0.5367	0.5811	0.6116	0.6584	0.6854	0.7324	0.7661	0.7919
0.3938	0.4085	0.4219	0.4668	0.5011	0.5402	0.5856	0.6169	0.6653	0.6934	0.7429	0.7790	0.8073
0.3958	0.4107	0.4243	0.4698	0.5049	0.5449	0.5915	0.6239	0.6744	0.7041	0.7573	0.7973	0.8297
0.3989	0.4140	0.4280	0.4746	0.5107	0.5521	0.6008	0.6350	0.6893	0.7218	0.7823	0.8309	0.8747
0.4008	0.4161	0.4302	0.4775	0.5143	0.5566	0.6067	0.6422	0.6990	0.7337	0.8001	0.8574	0.9178
0.4021	0.4175	0.4317	0.4795	0.5167	0.5597	0.6108	0.6471	0.7059	0.7422	0.8136	0.8799	1.0000

参考文献

本書を執筆するにあたって，参考，あるいは，引用させていただいた著書・文献，ウェブサイトを以下にまとめ感謝の意を表す．なお，本文中に番号を付した文献は，当該部分に関しての参考，あるいは引用であり，それ以外の文献は各章を記述する上で全般的に参考にしたものである．

第1章　データ処理の基礎

（1）白幡慎吾：『統計学』第2章　ミネルヴァ書房　2008
（2）稲垣宣生・山根芳知・吉田光雄：『統計学入門』第2章　裳華房　1992
（3）山田剛史・杉澤武俊・村井潤一郎：『Rによるやさしい統計学』第3章　オーム社　2008
（4）例えば，新城明久：『［新版］生物統計学入門』第3章　朝倉書店　1996
（5）小針晛宏：『確率・統計入門』第2〜3章　岩波書店　1973
（6）薩摩順吉：『理工系の数学入門コース　確率・統計』第2〜4章　岩波書店　1989
（7）古島幹雄・市橋勝・坂西文俊：『はじめての数理統計学』第1〜3章　近代科学社　2007

第2章　統　計

（1）小針晛宏：『確率・統計入門』第5章，第7〜8章　岩波書店　1973
（2）薩摩順吉：『理工系の数学入門コース　確率・統計』第4〜6章　岩波書店　1989
（3）古島幹雄・市橋勝・坂西文俊：『はじめての数理統計学』第5〜7章　近代科学社　2007
（4）例えば，大橋常道・谷口哲也・山下登茂紀：『初学者にやさしい統計学』第6章　コロナ社　2010

第３章　Ｒによるデータ処理

（１）『The P Project for Statistical Computing』https://www.r-project.org/

（２）『The Comprehensive R Archive Network』https://cran.r-project.org/

（３）『RjpWiKi』http://www.okadajp.org/RWiki/

（４）『統計ソフトＲの使い方』https://sites.google.com/site/webtextofr/home/

（５）R Core Team and contributors worldwide：『The R Datasets Package』http://stat.ethz.ch/ R-manual/R-devel/library/datasets/html/00Index.html

（６）ホクソエム：『統計を学びたい人へ贈る，統計解析に使えるデータセットまとめ』http://d.hatena.ne.jp/hoxo_m/20120214/p1

（７）大塚スバル：『R プログラミングの小ネタ』http://tips-r.blogspot.jp/2014/11/r.html

（８）赤池弘次：『統計モデルによるデータ解析』脳と発達 vol. 24, pp. 127 - 133, 1992 (https://www.jstage.jst.go.jp/article/ojjscn1969/24/2/24_2_127/_pdf)

（９）杉本典夫：『統計学入門』第９章　http://www.snap-tck.com/room04/c01/stat/stat-09/stat0903.html#note01

（10）間瀬茂：『R 基本統計関数マニュアル』第 6.4 節　https://cran.r-project.org/doc/contrib/manuals-jp/Mase-Rstatman.pdf

（11）下平英寿:『「データ解析」講義資料』　第８回「モデル選択」　http://www.is.titech.ac.jp/~shimo/class/dk2005/san08.pdf

（12）福田薫:『「社会言語学」講義資料』第７回「統計的検定と推定の方法」 http://www2.hak.hokkyodai.ac.jp/fukuda/lecture/SocialLinguistics/Rshagen/07testR.html

（13）石村貞夫・今福恵子・田沼美杉：『看護系学生のためのやさしい統計学』第 13 章　共立出版　2010

（14）今里健一郎・森田浩：『Excel でここまでできる統計解析』第 3.4 節　日本規格協会　2007

（15）舟尾暢男：『R-Tips』第 51 節　http://cse.naro.affrc.go.jp/takezawa/r-tips/r/51.html

索　引

Rの関数

あ 行

か, が 行

さ, ざ 行

た, だ 行

な 行

は, ば 行

ま 行

や 行

ら 行

わ 行

著者略歴

村上　純（むらかみ じゅん）

豊橋技術科学大学大学院修了　博士（工学）
現在国立熊本高等専門学校教授

〔おもな著書〕

① よくわかる電気・電子回路計算の基礎（日本理工出版会，共著），2012年
② 基礎から応用までのラプラス変換・フーリエ解析（日新出版，共著），2015年

日野満司（ひの みつし）

熊本大学大学院修了　博士（工学）
三菱重工業株式会社，熊本大学を経て現在熊本県立技術短期大学校教授

〔おもな著書〕

① わかりやすい機械工学（森北出版，共著），1998年
② 振動工学の講義と演習（日新出版，共著），2000年
③ シーケンス制御を活用したシステムづくり入門（森北出版），2006年
④ MATLABと実験でわかるはじめての自動制御（日刊工業新聞社，共著），2008年
⑤ 基礎からの自動制御と実装テクニック（技術評論社，共著），2011年
⑥ 技術系物理基礎（日新出版，共著），2012年

山本直樹（やまもと なおき）

九州工業大学大学院修了　博士（工学）
現在国立熊本高等専門学校准教授

石田明男（いしだ あきお）

熊本大学大学院修了　博士（理学）
現在国立熊本高等専門学校助教

統計ソフトRによる データ活用入門 (実用理工学入門講座)

2016 (平成28) 年 8 月10日　初版印刷
2016 (平成28) 年 8 月30日　初版発行

© 著　者　村　上　　純
日　野　満　司
山　本　直　樹
石　田　明　男

発行者　小　川　浩　志

発行所　日新出版株式会社
東京都世田谷区深沢 5－2－20
TEL〔03〕(3701) 4112・(3703) 0105
FAX〔03〕(3703) 0106
振替 00100-0-6044，郵便番号 158-0081

ISBN978-4-8173-0253-3

2016 Printed in Japan

印刷・製本 (株) 平河工業社